PLAN GÉNÉRAL

DE

LA CULTURE

QUI TIRE DE LA TERRE LE PLUS GRAND BÉNÉFICE POSSIBLE, TOUJOURS,
AUX MOINDRES FRAIS POSSIBLES, EN PROPORTION DES
RESSOURCES QUELLES QU'ELLES SOIENT.

APPLICATION

TRANSFORMATION DE LA CULTURE

SAINT-MALO

Mme Vve E. Hamel, imprimeur, rue Robert-Surcouf.

ESSAI SUR LA CULTURE

PLAN GÉNÉRAL

DE

LA CULTURE

QUI TIRE DE LA TERRE LE PLUS GRAND BÉNÉFICE POSSIBLE, TOUJOURS,
AUX MOINDRES FRAIS POSSIBLES, EN PROPORTION DES
RESSOURCES QUELLES QU'ELLES SOIENT.

APPLICATION

TRANSFORMATION DE LA CULTURE

SAINT-MALO

Mme Ve E. Hamel, imprimeur, rue Robert-Surcouf.

1866

ESSAI SUR LA CULTURE

La culture est cette partie de l'agriculture qui comprend les soins à donner à la terre, la production et l'emploi du fumier, le choix des récoltes, leur succession, la manière de les cultiver, et qui se compose de leur ensemble.

Son but évident, car il ne laisse rien à désirer, est de tirer de la terre le plus grand bénéfice possible, toujours, aux moindres frais possibles, en proportion de nos ressources.

Mais pour agir bien, avec certitude et assurance, que faudrait-il? un plan bien établi et bien tracé en proportion de ces ressources !

Commençons par constater un fait : c'est que, dans la culture, si l'expérience est nécessaire pour bien cultiver un ensemble ou une suite de récoltes, elle ne suffit pas pour régler sa composition, ou que si elle conduit quelques-uns au but, leur expérience est à peu près complétement perdue pour les autres ; la meilleure preuve c'est que, dans la même commune, à peine trouverait-on deux cultures qui soient pareilles : chacun est persuadé faire mieux que son voisin.

Cependant la bonté de la culture dépend pour beaucoup de sa composition.

Mais, en y réfléchissant, que faisons-nous quand nous cherchons à composer notre culture ? pas autre chose que chercher à former le plan que nous devons suivre ! Certes, nous n'agissons pas au hasard, au contraire nous calculons tout du mieux que nous pouvons, par rapport à nos besoins, au bénéfice et à nos ressources. Sans doute ces calculs, pour que tout soit dans une juste proportion, sont bien loin d'être faciles, ils sont même presqu'impossibles à cause de la grande multitude de choses dont il faudrait tenir compte de manière qu'elles s'accordent toutes ; aussi le résultat, c'est-à-dire la composition ou le plan de la culture, est-il généralement loin d'être bon.

Si donc nous avions un plan bien établi en proportion de nos ressources, il réglerait cette composition d'une manière certaine ; alors ses effets seraient bien grands, et il rendrait la culture bien facile : mais il faudrait qu'il fût général, c'est-à-dire qu'il pût s'appliquer quelles que soient nos ressources.

Pour arriver toujours sûrement, dans toutes les circonstances, le problème à résoudre est donc : trouver le plan général de la culture qui tire de la terre le plus grand bénéfice possible , toujours, aux moindres frais possibles, en proportion de nos ressources quelles qu'elles soient, petites ou grandes.

Mais, si nous essayions d'embrasser la question tout entière, dans tout son ensemble, elle est tellement étendue et complexe, que nous ne saurions comment la saisir, et ne pourrions manquer de nous égarer dans les détails ; au contraire donc, resserrons-la en choisissant un cas particulier, et même très particulier, si cela est nécessaire, pour établir son plan avec une certitude incontestable ; sans doute cela ne suffira pas, mais sa forme et sa composition ne pourront manquer de nous aider puissamment, car ce plan, quoique particulier, doit néanmoins accomplir les conditions générales essentielles, et si nous pouvions découvrir et déterminer les modifications qu'il faudrait lui faire subir pour qu'il devînt général, la question serait résolue ; faisons donc nos réserves.

Nous ne considèrerons pas d'abord le produit de la culture par rapport à l'exploitation totale ; nous chercherons le produit qu'elle pourrait donner par les récoltes seules, et nous ne tiendrons aucun compte, directement du moins, des animaux, de leur produit,

ni de leur entretien ; mais si, plus tard, ou dans le
produit des récoltes, nous prenons attention aux
blés et aux fourrages, nous tiendrons compte cependant, d'une manière indirecte, des animaux, et
même aussi du fumier ; car ce sont ces deux récoltes
qui fournissent aux animaux la nourriture, et la paille
avec laquelle se fait le fumier, en sorte que les animaux et le fumier ne sont, à vrai dire, que la conséquence et le résultat des blés et des fourrages.

Nous supposerons encore que la culture soit réduite
à ses seules ressources, rien du dehors, ce qui posera
des limites.

Et pour avoir un point fixe, c'est-à-dire un cas
particulier bien déterminé, nous chercherons ce produit des récoltes seules, non pas en proportion de
nos ressources actuelles quelles qu'elles soient, mais
le plus grand possible d'une manière absolue. Remarquons que nous n'aurons pas à chercher ce plus
grand produit possible en proportion des ressources;
car cette condition emporte nécessairement les ressources les plus grandes possibles, et en cherchant
l'un seul, nous tiendrons forcément compte des
autres.

Ce cas particulier nous débarrasse de tout ce qui
nous gêne dans le détail, mais cependant, il ne laisse
pas d'en tenir compte en gros, d'une manière indirecte ; il paraît donc convenablement choisi, et son
plan capable de supporter les modifications suffisantes
pour devenir général.

Mais encore? voulons-nous ce produit pour une année seulement, et quand même celui de la suivante devrait être moins considérable? au contraire, nous le voudrions de plus en plus grand chaque année, *continuellement* s'il pouvait grandir ; mais nous voulons au moins qu'il ne diminue pas; en un mot, qu'il soit *constant*.

Le plan que nous avons à chercher, quant à présent, est donc celui *de la culture réduite à ses seules ressources, qui tire de la terre le plus grand produit possible, constamment, aux moindres frais possibles.*

Mais, pour établir un plan avec certitude, il faut connaître bien clairement, non seulement son but, mais aussi les conditions à remplir pour l'atteindre : et ici, l'énoncé seul du but nous indique trois conditions qui doivent, à elles seules, renfermer toutes les autres, puisqu'elles suffisent pour l'accomplir entièrement : Examinons-les donc avec soin, et voyons quelles autres moins générales et particulières nous pourrions en faire ressortir.

C'est pour cela principalement que nous avons supposé la culture réduite à ses seules ressources ; car, si on peut s'en procurer du dehors, elles sont aussi variables que notre volonté ou que nos facultés pécuniaires, et n'ont point de limites qu'on puisse leur assigner ; dès lors il serait impossible d'établir aucunes conditions d'une manière fixe et certaine. Si, au contraire, nous la supposons réduite à ses seules ressources, comme alors elles ne peuvent provenir que de la terre seule, elles ne sont pas sans limite ; et nous pouvons les diminuer ou les augmenter ; nous apercevons alors qu'il soit possible de les déterminer et d'établir les conditions pour qu'elles soient les plus grandes possibles, et que la culture donne alors le plus grand produit possible ; celles pour qu'elle le fasse constamment et aux moindres frais possibles, et nous concevons que par une juste combinaison de ces conditions et des règles qui en pourront provenir, nous arrivions à nos fins. Passons donc à l'examen de ces trois conditions générales.

Le plus grand produit possible. Ce produit, dans le cas actuel, ne peut provenir, avons-nous dit, que de nos récoltes ; il faut donc qu'elles soient les plus riches possible, et en même temps les plus belles possible.

Mais n'est-il pas une vérité tellement bien reconnue qu'elle est devenue pour ainsi dire banale, c'est que le fumier est la vraie source, la vraie cause de la beauté et de la richesse des récoltes et de la culture; donc pour tirer de la terre le plus grand produit possible, si elle est réduite à ses seules ressources, elle doit produire le plus de fumier possible.

Mais cette condition nécessaire est-elle suffisante, c'est-à-dire, toute culture qui produira le plus de fumier possible, donnera-t-elle toujours le plus grand produit possible ? Non, car l'expérience prouve que

les plantes n'absorbent pas, toutes, les mêmes principes de la terre et du fumier, que chacune d'elles
n'en tire que ceux, seulement, qui sont propres à sa
nourriture, et y laisse les autres ; de sorte que, en
choisissant convenablement, d'après cette remarque,
celles qui se succèdent, c'est-à-dire que chacune
d'elles soit propre par sa nature différente, à être
suivie de l'autre, la culture pourra donner un produit plus grand avec la même quantité de fumier :
car chacune d'elles pourra être suivie d'une autre
aussi riche ou presque aussi riche, sans addition de
nouveau fumier, avec le même qui a déjà produit la
précédente ; tels que nous voyons le colza sans fumier après les betteraves, et le froment, également
sans fumier, après ce même colza.

Il y a encore des plantes qui sont améliorantes
par rapport à d'autres, c'est-à-dire qui laissent dans
le sol certains principes, ou qui le mettent en certaines dispositions qui le rendent plus propre à les
rapporter : ainsi le trèfle par rapport aux blés, à
cause de ses vertus particulières, et en permettant
au sol de prendre une certaine fermeté qui leur est
très favorable.

Nous voyons donc que si le fumier est véritablement la base, le nerf, et la chose la plus essentielle
de la culture, combien aussi le choix judicieux des
récoltes et leur succession influent sur son produit
et sur son bénéfice, par le produit plus grand qu'ils

font retirer de la terre et du fumier, et pour ainsi dire par l'économie qu'ils en procurent.

Voilà déjà plusieurs conditions particulières pour notre culture : 1° qu'elle produise le plus de fumier possible ; 2° que les récoltes soient les plus belles et les plus riches possibles ; 3° que chacune d'elle, par sa nature différente, soit propre à être suivie de l'autre.

Le plus grand produit possible, constamment. Quelles conséquences allons-nous tirer de là ? Si notre culture était une fois établie de manière à nous donner ce plus grand produit possible, absolu, comme nous le supposons ici, toute autre qui ne serait pas exactement la même, ne pourrait nous donner qu'un produit inférieur, car cette condition du plus grand produit possible exclut même l'égalité; il faut donc, pour l'avoir constamment, que la culture soit toujours exactement la même, qu'elle puisse être répétée chaque année, en un mot qu'elle soit *constante.*

De cette constance, il résulte plusieurs conditions ou règles particulières :

Dans une culture constante, il faut 1° que les récoltes soient toujours les mêmes, c'est évident; 2° qu'elles se succèdent; Soit la culture a, b, c, d : il est impossible qu'elle soit exactement la même l'année suivante, sans que chacune des récoltes prenne la place d'une autre, ou bien il faudrait que l'une d'elles et même plusieurs fussent remplacées par elles-mêmes, ce qui serait détestable et contre ce que nous avons déjà vu : les récoltes qui se succèdent doivent être de nature différente ; 3° qu'elles se succèdent toujours dans le même ordre : Sans cela la culture ne serait plus toujours exactement la même ; 4° que la quantité de chacune d'elles soit toujours la même. C'est évident.

De ces premières conditions, nous allons encore en tirer de nouvelles :

1° Une culture constante ne peut être composée que de récoltes annuelles, c'est-à-dire que la même ne peut occuper le même terrain deux années de suite ; car en réalité, celle-ci, et par suite plusieurs se succéderaient à elles-mêmes ;

2° Les quantités de chacune des récoltes doivent être égales entre elles, et, par conséquent, le terrain divisé en autant de parties égales qu'il y a de récoltes.

D'abord, la culture ne peut être composée que de récoltes annuelles ; il faut qu'elles se succèdent, et que, chaque année, chacune d'elles prenne la place d'une autre ; d'autre part, la quantité de chacune d'elles doit toujours être la même, et cela tout en prenant la place de chacune des autres, il faut donc qu'elles soient toutes égales entre elles, et par conséquent le terrain divisé en autant de parties égales qu'il y a de récoltes.

Réciproquement, si les quantités de chacune des

récoltes qui forment une culture, sont égales entre
elles, elle est constante.

Si je remplace la première par la seconde, la seconde par la troisième et ainsi de suite, les récoltes
seront toujours les mêmes, en même quantité, et se
succéderont toujours dans le même ordre, par conséquent la culture sera toujours exactement la même.

OBSERVATION. Cependant il n'est pas nécessaire que
les quantités de chacune des récoltes soient égales entre
elles d'une manière absolue ; si l'une d'elles était
multiple de celle des autres, pourvu qu'elle ne fût
pas plus grande que la moitié du terrain, la culture
n'en serait pas moins constante.

Ainsi je dis que la culture (1|4 colza, 1|4 trèfle, 1|2 blé)
est constante. En effet, la quantité 1|2 blé peut se
décomposer en deux parties égales à celle de chacune
des autres, (1|4 blé plus 1|4 blé); et si je remplace
1|4 colza par 1|4 blé, 1|4 trèfle par 1|4 blé, 1|4 blé par
1|4 trèfle, et 1|4 blé par 1|4 colza, et continuant
toujours de la même manière, ce qui nous donnerait
la succession régulière 1|4 colza, 1|4 blé, 1|4 trèfle,
1|4 blé), la culture contiendra toujours les mêmes
récoltes, en même quantité, et se succédant toujours
dans le même ordre, donc elle sera constamment la
même. C'est, qu'en effet, ces deux 1|4 blés sont de-
venus des récoltes pour ainsi dire différentes, par la
condition de succéder toujours l'un au 1|4 colza,
et l'autre au 1|4 trèfle.

Mais cette récolte multiple ne peut occuper plus de la moitié du terrain. Ainsi dans la culture (1|5 colza, 1|5 blé, 3|5 blénoir), en décomposant 3|5 blénoir en trois parties égales à celle de chacune des autres récoltes, et les faisant se succéder comme ci-dessus, il faudrait remplacer 1|5 blénoir par 1|5 blénoir, ce qui serait détestable.

Conséquemment. Si, dans une culture constante, la quantité de l'une des récoltes est plus grande que celle des autres, chacune d'elles doit être le même sous-multiple de celle-ci.

Pour avoir une idée bien nette d'une culture constante, formons le tableau de ses divers états par rapport au terrain total, et à chacune de ses parties.

Soient A, B, C, D, quatre récoltes égales entre elles et formant une culture constante, elles doivent se succéder toujours dans le même ordre, de sorte que si A, B, C, D est l'ordre primitif, B, doit toujours succéder à A, C à B, D à C, et A à D. La culture contenant quatre récoltes, le terrain sera divisé en quatre parties égales et son emploi sera :

1re année....	A	B	C	D
2me année....	B	C	D	A
3me année....	C	D	A	B
4me année....	D	A	B.	C

Si nous continuions la même manière de succession, nous retomberions sur la première culture A, B, C, D, et par conséquent sur une suite de tableaux tous pa-

reils à celui-ci; il représente donc bien tous les états
de la culture par rapport au terrain total et à chacune de ses parties. Or, si nous l'examinons par
lignes horizontales, ce qui nous montre l'emploi,
chaque année, du terrain total, soit par lignes verticales, ce qui nous montre la succession des récoltes
dans chacune des parties, nous voyons que chacune
de ces lignes verticales contient les mêmes récoltes
que l'une des lignes horizontales, exactement dans
le même ordre dans les unes et dans les autres ; son
peut donc dire, en comptant ce tableau par lignes
verticales séparées, qu'une culture constante est for-
mée d'un ensemble ou d'une suite de successions
toutes pareilles entre elles et à la culture primitive.

Le plus grand produit possible aux moindres frais
possibles.

Ces frais sont de deux sortes ; ceux de la main-
d'œuvre, et ceux du fumier. Mais remarquons que
la quantité des dépenses occasionnées par ces frais
de main-d'œuvre, dépend en grande partie de l'orga-
nisation du travail, des procédés employés, et de la
valeur de l'ouvrier ; puis la différence de ces frais est
si petite entre deux cultures, si on la compare à
celle des quantités de fumier dépensé, et les effets
produits par cette différence des quantités de fumier
sont, au contraire, si grands, qu'il semble qu'on peut
négliger les frais de main-d'œuvre pour ne considérer que ceux-ci ; au reste, comme condition essentielle de la culture, il n'est pas nécessaire d'en tenir

compte puisqu'ils n'en sont que la conséquence, et sont dépendants autant de l'individu que de la culture elle-même ; ce n'est certes pas sur eux que nous pouvons établir sa composition ; restent donc les seuls frais du fumier.

Alors, toute culture qui tire de la terre le plus grand produit possible aux moindres frais possibles, doit tirer aussi du fumier le plus grand produit possible.

Sans cela, il y en aurait nécessairement une autre qui tirerait de la terre avec ce même fumier, c'est-à-dire avec les mêmes frais, un produit plus grand, donc la première ne tirerait pas de la terre le plus grand produit possible aux moindres frais possibles.

Réciproquement. Toute culture qui tire du fumier le plus grand produit possible, tire aussi de la terre le plus grand produit possible aux moindres frais possibles.

En effet, toute culture qui tire de la terre le plus grand produit possible aux moindres frais possibles, tire aussi du fumier le plus grand produit possible, comme nous venons de le voir, de sorte que si celle-ci ne tirait pas en même temps de la terre le plus grand produit possible aux moindres frais possibles, il y en aurait deux différentes qui tireraient du même fumier le plus grand produit possible, ce qui ne peut être ;

car cette condition du plus grand produit possible
exclut même l'égalité. (*)

Conséquemment. Toute culture qui ne tire pas du
fumier le plus grand produit possible, ne tire pas
de la terre le plus grand produit possible, aux
moindres frais possibles.

Car alors elle tirerait du fumier le plus grand
produit possible.

Donc pour que la culture tire de la terre le plus
grand produit possible, aux moindres frais possibles,
il faut qu'elle tire du fumier le plus grand produit
possible.

De ce que nous avons dit jusqu'ici, nous devons
encore conclure que : *avec une même quantité de
fumier, moins on fera de récoltes, plus la culture
sera riche, pourvu que, par leur succession, elle tire
du fumier le plus grand produit possible.* Car plus
chacune d'elles trouvant de fumier sera riche, et
par conséquent aussi la culture ; et sans la seconde
condition, elle ne donnerait pas le plus grand produit possible, aux moindres frais possibles.

Voilà les conditions et les règles que nous a four-
nis l'examen des trois conditions générales, et que
la culture, réduite à ses seules ressources, doit ob-
server pour tirer de la terre le plus grand produit
possible, constamment, aux moindres frais possibles;

(*) On peut épuiser le fumier par deux cultures différentes,
mais l'épuiser n'est pas en tirer le plus grand produit possible.

essayons maintenant d'en former une qui les accomplisse toutes.

COMPOSITION DE LA CULTURE. Ce sont évidemment les conditions principales qui doivent d'abord nous diriger, reportons-nous-y donc. Celle que nous avons trouvée la plus essentielle, c'est de produire le plus de fumier possible. Mais le fumier, dans ce cas particulier que nous avons choisi, c'est le résultat des pailles et des fourrages, c'est-à-dire des blés et des fourrages ; ce sont donc là deux genres de récoltes indispensables, et le produit et la richesse de la culture dépendent essentiellement de leurs quantités ; elles doivent donc, à coup sûr, occuper la plus grande partie possible du terrain. Mais la culture doit satisfaire aussi à d'autres conditions également nécessaires, qui vont limiter ces quantités.

Pour éviter la confusion, séparons ces deux récoltes et tâchons de fixer d'abord la quantité des blés. C'est par eux que nous devons commencer, car ils sont plus riches que les fourrages, et par conséquent doivent occuper la plus grande partie possible du terrain, de préférence aux fourrages. Comme, ici, toutes les récoltes doivent être les plus riches possibles, et produire le plus de fumier possible, ces blés seront du froment qui est la plus précieuse de toutes les céréales en paille et en grain.

La condition de constance limite leur quantité :

elle ne peut être plus grande que la moitié du terrain (page 11). Soit donc 1|2 *froment*.

La quantité de cette récolte étant fixée, nous pouvons déterminer celle de chacune des autres qui doivent composer la culture, ainsi que leur nombre. En effet, la quantité du froment étant la plus grande possible pour une récolte quelconque, celle de chacune des autres doit être le même sous-multiple de celle-ci (page 11), et par conséquent le 1|2, le 1|4 ou le 1|6 du terrain, ou la culture composée de 2, 4 ou 6 récoltes. Mais celle que nous cherchons doit être la plus riche possible, aux moindres frais possibles, et nous avons dit (page 14), avec une même quantité de fumier (celle produite par la culture) moins on fera de récoltes, plus la culture sera riche, pourvu que par leur succession, elle tire du fumier le plus grand produit possible. Donc, parmi toutes les cultures qui pourraient nous être fournies par ces sous-multiples, les plus riches sont celles qui ne seraient composées que de 2 ou 4 récoltes. Mais la première doit être rejetée parce que, d'abord, il faudrait que ces deux récoltes pussent bien réussir en revenant tous les deux ans sur le même terrain ; ensuite parce que deux récoltes ne suffiraient pas, seules, pour tirer de cette quantité de fumier produit par 1|2 froment, et bien employé, le plus grand produit possible, et par conséquent cette culture ne serait pas faite aux moindres frais possibles ; mais il est hors de doute qu'on ne puisse y arriver par quatre récoltes successives ;

donc, la plus riche, aux moindres frais possibles, de
toutes ces cultures, est celle qui sera composée de
quatre récoltes, et n'en contiendra que quatre, c'est-
à-dire relativement à celle que nous formons, deux
autres différentes du froment, 1|2 *froment* comptant
pour deux, comme nous l'avons expliqué (page 10).

Ainsi, pour que la culture réduite à ses seules ressources soit constante, produise le plus de fumier
possible, et donne en même temps le plus grand
produit possible, aux moindres frais possibles, il faut
qu'elle soit composée de quatre récoltes, que les
deux quarts du terrain soient en froment, et que la
quantité de chacune des deux autres soit égale au
1|4 du terrain.

Le nombre et la quantité des récoltes étant fixés,
il nous resterait à les déterminer et à régler leur succession, toujours dans le même but du plus grand
produit possible, etc. Mais le produit de la culture
dépend de la richesse des récoltes, et celle-ci, évidemment, de la quantité de fumier qu'elles reçoivent;
ici, vient donc se poser cette question importante :
Comment doit-on employer le fumier, dans une culture constante composée de quatre récoltes, pour
tirer de la terre le plus grand produit possible, con-
... aux moindres frais possibles?

... reprenons le tableau que nous avons
... pa... 11) et qui représente tous les états
... constante composée de quatre récoltes,

par rapport au terrain total et à chacune de ses parties.

A B C D   Si nous l'observons par lignes hori-
B C D A   zontales, ce qui nous montre l'emploi,
C D A B   chaque année, du terrain total, nous
D A B C   voyons que chacune d'elles est com-
posée des mêmes récoltes, en même quantité, et se succèdant dans le même ordre ; par conséquent toutes ces lignes horizontales doivent être traitées pareillement sous le rapport du fumier, c'est-à-dire en recevoir, chacune à son tour, une même quantité ; mais la culture étant constante, la quantité de fumier produite chaque année, est toujours la même; donc chacune de ces lignes horizontales doit recevoir, chacune à son tour, c'est-à-dire chaque année, en une seule et même année, tout le fumier produit pareillement chaque année.

Ceci ne résoud pas encore entièrement la question : mettrons-nous le fumier tout entier à A seulement, ou le partagerons-nous entre A et B ?

Mais si, au lieu de considérer ce tableau par lignes horizontales, nous l'observons par lignes verticales qui nous montrent la succession des récoltes dans chacune des parties du terrain total, nous voyons qu'il est formé d'un ensemble de successions composées des mêmes récoltes que dans les lignes horizontales, en même quantité, et dans le même ordre ; donc chacune de ces lignes verticales doit se trouver traitée, sous le rapport du fumier, exactement de la même manière que les lignes horizontales ; donc chacune d'elles doit recevoir alternativement, chaque année, en une même et seule année, tout le fumier produit chaque année : mais dans ces lignes verticales, A et B se succèdent, n'existent pas ensemble la même année, il est donc impossible d'appliquer à toutes les deux à la fois, en une même et seule année, le fumier tout entier ; donc on ne peut l'appliquer qu'à une seule des récoltes, ou au 1⁄4 du terrain seulement.

Observons que cette récolte qui reçoit tout le fumier produit, ne peut pas être du froment ; car nous en avons déjà la moitié du terrrain, et parce que ni l'un ni l'autre de ces 1⁄4 *froment* ne serait capable d'en supporter une telle quantité, et verserait infailliblement. (Nous supposons, ne l'oublions pas, que la culture produit le plus de fumier possible, et d'ailleurs cette quantité est déjà désignée approximativement par les pailles de 1⁄2 froment.) Mais qu'elle que soit cette récolte, désignons la par 1⁄4 *fumé.*

Nous pouvons donc déjà dire que notre culture doit-être composée de 4 récoltes, dont deux sont parfaitement fixées : 2⁄4 *froment,* et la troisième 1⁄4 *fumé* : il ne nous reste plus qu'à déterminer la 4ᵐᵉ. Mais nous avons dit : la culture doit aussi produire le plus de fourrages possible ; cependant nous n'avons encore, aucune partie qui leur soit consacrée ; car nous ne les ferons point dans la partie 1/4 *fumé*, qui reçoit tout le fumier, parce qu'ils n'en demandent que peu, ils ne pourraient le supporter. Soit donc ce dernier 1/4 en *fourrages*, et l'emploi de notre terrain est complet.

Maintenant que nous connaissons le nombre et la quantité des récoltes, le genre des 3/4, et au moins la disposition du fumier par rapport à la 4me, essayons de régler leur succession.

Nous remarquons tout d'abord, que le froment occupant chaque année la moitié du terrain, et les récoltes ne pouvant se succéder à elles-mêmes, et se succédant alternativement, chacun de ces 1/4 *froment* doit occuper, l'année suivante, l'un la place de 1/4 *fumé*, et l'autre, celle de 1/4 *fourrages*; l'ordre de succession des récoltes est donc nécessairement et rationellement 1/4 *fumé*, 1/4 *froment*, 1/4 *fourrages*, 1/4 *froment*.

Tel est donc le tracé auquel nous avons été conduits, et nous devons le regarder, avec une certitude incontestable, comme le plan de la culture réduite à ses seules ressources, qui tire de la terre le plus grand produit possible, constamment, aux moindres frais possibles ; car, pour l'établir, nous avons tenu compte de toutes les conditions qu'elle doit remplir pour atteindre ce but, et, par la manière dont nous l'avons formé, il est clair qu'il n'est pas possible d'en trouver un autre qui accomplisse toutes les conditions et les règles exigées.

Sans doute, ce n'est pas le plan définitif que nous avons à trouver (en proportion de nos ressources quelles qu'elles soient); mais comme nous l'avons choisi pour nous servir de guide, examinons-le, et voyons qu'elles conditions doit remplir la récolte de 1/4 *fumé* qui reste seule indéterminée, pour que la culture donne le plus grand produit possible, et même pour qu'elle soit possible.

1° Elle doit être, évidemment, la plus riche possible, de manière qu'elle soit suivie de la succession froment, fourrages, froment, sans que celle-ci reçoive de nouveau fumier ; 2° précédant le froment, elle doit être, par sa nature, propre à en être suivie, et pas trop riche cependant, pour que ce froment soit beau, car toutes les récoltes doivent être belles.

Mais voyons si ces conditions nécessaires ne sont pas suffisantes, c'est-à-dire si, alors, toutes les autres récoltes de la succession ne sont pas bien assurées. Et d'abord, le 1/4 *fourrages* qui, sans recevoir de nouveau fumier, suit ce 1/4 *froment?* C'est un fait uniquement d'expérience, et qu'elle confirme pleinement, pourvu toutefois, ne l'oublions pas, que ce froment soit beau, comme il doit l'être ici, par la force du fumier mis à la récolte qui le précède.

Il est, du reste, aisé de l'apercevoir : en effet, il est bien reconnu par l'expérience, que non-seulement les fourrages, mais toutes les plantes coupées en vert, qui ne mûrissent pas sur pied, vivent autant par leurs feuilles que par leurs racines, et tirent plutôt leur nourriture de l'atmosphère que de la terre ; de sorte qu'elles n'exigent, et les fourrages particulièrement, par leurs nombreuses feuilles, que peu de fumier pour réussir, et ils se contentent d'une terre presque épuisée ; par conséquent, avec les précautions modérées que nous avons prises, le sol est loin d'être épuisé, et les fourrages qui suivent ce froment ne peuvent manquer d'être bien assurés et beaux.

Mais le froment qui, lui aussi, vient sans fumier après toutes les autres récoltes, sera-t-il bien assuré ? Oui : c'est encore un fait que l'expérience confirme, si les fourrages sont beaux ; essayons toujours de nous en rendre compte. Les fourrages, comme nous venons de le dire, tirent plutôt leur nourriture de l'atmosphère que de la terre, et ils la reposent ainsi plutôt que de l'épuiser. Les uns, tel que le trèfle, qui se sèment dans les céréales, occupent la terre sans la fatiguer, et sans qu'elle soit remuée, pendant deux ans, et permettent ainsi au sol lassé ou trop ameubli, de se refaire et de se récomposer ; ils font donc par là les mêmes effets qu'une friche ou une pâture, et de plus, ils enrichissent le sol par la décomposition de leurs fortes et nombreuses racines, et par celle de leurs feuilles et nombreux débris perdus à la récolte : ils lui rendent ainsi plus qu'ils n'en n'ont tiré. Aucune plante n'est plus propre à le débarrasser, sans frais, des mauvaises herbes, soit en les étouffant, soit en empêchant leurs graines d'y mûrir ; et par tous ces effets, ils augmentent tellement la fertilité du sol, et le disposent si bien à rapporter des blés, qu'il est bien avéré que, si ces fourrages sont beaux, comme ils doivent l'être ici, les blés, et même le froment, qui les suivent sont au moins aussi bons que si on leur eût appliqué directement du fumier.

Les autres fourrages, tels que le trèfle incarnat, la vesce, etc., ne demandent point ou n'exigent qu'un seul labour, et n'occupent la terre que pendant peu de temps ; de sorte qu'avec les mêmes propriétés que les autres ci-dessus, ils font les mêmes effets qu'une friche ou une pâture, en ne labourant pas après leur coupe, ou bien, ils permettent au sol de recevoir les mêmes labours, et les mêmes influences de l'atmosphère que dans un guéret blanc, sans compter qu'ils l'enrichissent encore de la décomposition de leurs racines, feuilles et débris. Ainsi les fourrages font, par rapport à la terre, les mêmes effets, et mieux encore, qu'une friche, une pâture ou un guéret, qui sont, sans contredit, des meilleures préparations aux blés ; de sorte que si ils sont beaux, les blés qui les suivent ne peuvent manquer d'être bien assurés.

En résumant ce que nous venons de dire, nous

voyons que toutes les récoltes, dans l'ordre de succession fixé, seront bien assurées, si nous choisissons celle de 1/4 *fumé*, compôt à froment, la plus riche possible, en proportion de nos ressources, mais pas trop riche cependant, pour que le froment qui la suit soit beau. Donc ces conditions sont nécessaires et suffisantes, et cette culture est possible.

Cet examen que nous venons de faire, nous permet encore de vérifier l'exactitude de notre plan. Remarquons, en effet, que nous n'avons obtenu le dernier froment, bien moins par la force du fumier, que par les vertus améliorantes des fourrages, que par conséquent cette culture tire du fumier le plus grand produit possible ; elle tire donc de la terre le plus grand produit possible aux moindres frais possibles (page 13) ; du reste elle est constante, donc elle tire bien de la terre le plus grand produit possible, constamment, aux moindres frais possibles.

Maintenant que nous avons un plan possible et certain, mais établi, il est vrai, dans des conditions toutes particulières et choisies exprès, faisons un pas en avant vers notre plan général. Jusqu'ici nous n'avons considéré les animaux que d'une manière indirecte, par les blés et les fourrages ; mais comme les quantités de ces deux récoltes sont les plus grandes possibles, et nécessaires pour tirer de la terre le plus grand produit possible, cela déterminera néanmoins, d'une manière certaine, le nombre des ani-

maux : il sera suffisant pour les bien consommer ;
maintenant tenons compte, plus directement, de leur
entretien ou de leur nourriture, et voyons ce qu'il
arrivera, alors, de cette culture ou de ce plan.

Nous avons trouvé que la partie 1/4 *fumé* devait être
occupée par une récolte unique, qui devait, à elle seule,
recevoir tout le fumier produit (page 18 et 19) ; mais
si nous voulons tenir compte seulement des bestiaux
nécessaires, la culture résultant de ce plan et avec
ces conditions, ne pourra satisfaire à des nécessités
et à des avantages de premier ordre ; ainsi, si la
récolte unique de 1/4 *fumé* était, je suppose, du colza,
nous ne pourrions avoir ni betteraves, ni autres
racines fourragères pour nourrir nos bestiaux pendant l'hiver, et si, alors, nous ne pouvons leur donner que du fourrage sec et de la paille, leur nourriture
nous coûtera d'abord très-cher, ou ils mangeront
une bonne partie de nos pailles, c'est-à-dire de notre
fumier, et celui qu'ils feront sera bien moindre en
quantité et qualité, il sera sec et pailleux ; en outre
encore, nos vaches donneront en lait et en beurre,
un produit bien inférieur. Par ailleurs, étant forcés
de n'appliquer le fumier qu'à une seule récolte, une
grande portion sera obligée de séjourner presqu'une
année entière, dans les cours où il perdra considérablement sous tous les rapports ; il y aurait, certes,
plus de bénéfice à l'employer presqu'à mesure de sa
fabrication. C'est vrai ! ces reproches sont graves et

bien fondés, et en tenant compte des bestiaux, et à plus forte raison de tous les animaux, c'est-à-dire dans la pratique, et au point de vue du bénéfice général, il vaudrait mieux perdre un peu sur le produit absolu de la terre ! Essayons donc si nous ne pourrions pas faire quelques changements, sinon dans notre plan, au moins dans son application, pour introduire les betteraves, par exemple, dans la culture.

Supposons qu'elle soit dans le cas du produit absolu : $1_{l}4$ *colza*, $1_{l}4$ *froment*, $1_{l}4$ *fourrages*, $1_{l}4$ *froment*. Si nous voulons introduire les betteraves qui demandent plus de fumier que le colza, c'est-à-dire, remplacer une partie de ce dernier par elles (nous ne pouvons toucher aux trois autres parties dont l'emploi est fixe et déterminé), il faudra nécessairement remplacer une autre partie de ce colza par une récolte qui exige moins de fumier que lui, par du blénoir, je suppose ; sans cela notre fumier n'y pourrait suffire (nous sommes réduits à nos seules ressources); alors notre culture serait : $1_{l}4$ *(betteraves, colza, blénoir)*; $1_{l}4$ *froment*, $1_{l}4$ *fourrages*, $1_{l}4$ *froment*.

Mais cette culture est impossible dans les conditions que nous avons dites ! Car, le blénoir n'est pas capable de supporter assez de fumier, et d'ailleurs il n'en reçoit pas assez, pour que le froment suivant, sans parler du reste de la succession, puisse réussir et soit beau après lui, sans en recevoir de

nouveau. Mais que faudrait-il pour qu'elle fût possible ?

Qu'après la somme de fumier dépensé par ces trois
récoltes, il en restât juste assez, pour que mis après
le blénoir (*toujours dans un 1⁄4 fumé*), le froment
suivant fût beau : et cela pourra se faire en remplaçant le colza par plus ou moins de blénoir, selon la
quantité des betteraves; car l'excédant de fumier qui
proviendra en remplaçant ainsi le colza par le blénoir, sera plus ou moins grand, selon la quantité du
blénoir, et nous fournira du fumier assez pour les
betteraves et pour la réserve nécessaire après le blénoir, si la quantité des betteraves que nous désirons
n'est pas trop forte.

Mais cela nous causera une perte ! car, cette
réserve de fumier, sans cela, eût été ajoutée à celui
mis pour le blénoir qui remplace le colza, et aurait
produit du colza suivi d'un beau froment, tandis
qu'elle ne rapporte rien l'année présente ! Et plus
la quantité des betteraves, et par suite celle du blénoir, sera grande, plus notre perte le sera. C'est vrai !
Mais si nous faisons cette quantité des betteraves, et
par conséquent celle des récoltes inférieures (*),
la plus petite possible, celle rigoureusement néces-

(*) Nous disons récoltes inférieures, celles qui ne reçoivent
pas assez de fumier pour que le froment qui les suit soit beau,
sans en remettre de nouveau.

sairé pour l'avantage ou les nécessités de l'exploitation, la culture, par ce remplacement, ne tirera pas moins de la terre, non plus d'une manière absolue, mais par rapport à l'exploitation, le plus grand produit possible, constamment, aux moindres frais possibles, car elle perdra le moins possible sur le produit absolu des récoltes, et ce qu'elle perdra ainsi, elle le gagnera et au-delà, sur le produit général.

Par la même raison, cette réserve nécessaire après les récoltes inférieures, que nous avons dite, est loin de nous causer une perte, au contraire, sous le point de vue du bénéfice ; d'autant moins que, dans la Pratique, le fumier se fait pendant toute l'année, et dès lors, il est juste de dire que cette réserve n'était pas prête.

Donc, *dans la Pratique,* pour tirer de la terre le plus grand produit ou bénéfice possible, constamment, aux moindres frais possibles, par rapport à l'exploitation, on peut et on doit occuper la partie 1/4 *fumé* par deux ou plusieurs récoltes de richesse inégale, qui soient toutes compôts à froment, pourvu que, après la somme de fumier dépensé par leur ensemble, il en reste juste assez pour que mis après les récoltes inférieures, le froment qui les suit soit beau, et que la quantité des récoltes supérieures soit, juste, celle indispensable pour les avantages ou les nécessités de l'exploitation.

Remarquons bien que nous n'avons rien à changer

à notre plan ; la partie 1/4 *fumé* reçoit toujours tout le fumier produit chaque année, en une même et seule année, seulement nous le mettons, en partie, en deux fois au lieu d'une seule, pour le froment de l'année suivante et non à ce froment.

Observons qu'après ces récoltes inférieures, la quantité de fumier réservée doit être assez grande pour que le froment suivant soit beau, non pas tant par leurs vertus améliorantes, que par la force du fumier ; car si, au lieu du blénoir, nous avions supposé un fourrage, avec et peut-être même sans fumier, le froment suivant pourrait être bon, mais après lui, la terre se trouverait complètement épuisée, et le reste de la succession ne pourrait réussir.

Ces observations faites, approchons du but, et rendons notre plan encore plus général.

De la culture réduite à ses seules ressources, qui tire de la terre le plus grand produit possible, continuellement, aux moindres frais possibles, en proportion des ressources, quelles qu'elles soient, par rapport à l'exploitation.

Mais notre premier plan remplit déjà toutes les conditions que nous demandons ici ! d'une manière absolue, il est vrai, et cela parce que nous avons supposé les ressources les plus grandes possibles d'une manière absolue, et que nous avons cherché le produit de la terre en proportion de ces ressources :

de là, en effet, le plus grand produit possible absolu, et constamment au lieu de continuellement, parce qu'il ne peut grandir (page 5) ; supposons-les donc moins grandes, et voyons quels effets cela produira sur ce plan, et où cela pourra nous conduire.

Les ressources étant moins grandes, le produit le sera pareillement ; voyons donc d'abord, ce qu'il adviendra de la partie 1ʲ4 *fumé* qui, dans ce premier cas particulier, est la principale pour le produit.

Supposons donc que, dans le cas précédent, la culture soit 1ʲ4 *colza,* 1ʲ4 *froment,* 1ʲ4 *fourrages,* 1ʲ4 *froment,* et que, nos ressources étant moins grandes, nous ne puissions plus occuper 1ʲ4 *fumé* tout entier par du colza, avec la même application du fumier, mais par du colza et du blénoir, de sorte qu'elle serait :

1ʲ4 (*colza, blénoir*), 1ʲ4 *froment,* 1ʲ4 *fourrages,* 1ʲ4 *froment.* Cette culture sera toujours possible quelle que soit la quantité du blénoir, si comme nous l'avons expliqué (page 27), nous avons soin de conserver une réserve de fumier suffisante pour que, mise après le blénoir, le froment suivant soit beau ; ce que nous disons du blénoir serait également vrai pour une récolte encore moins riche, pour le guéret par exemple ; donc cette culture est toujours possible jusqu'à 1ʲ4 *guéret,* 1ʲ4 *froment,* 1ʲ4 *fourrages,* 1ʲ4 *froment,* où la réserve serait la plus grande possible.

Mais l'application du fumier étant toujours la même

que dans notre plan précédent, ces deux cultures, et toutes les intermédiaires, peuvent être toujours données et représentées par 1/4 *fumé*, 1/4 *froment*, 1/4 *fourrages*, 1/4 *froment*.

Supposons, maintenant, nos ressources encore moins grandes, et pas assez pour que, dans la culture 1/4 *guéret*, 1/4 *froment*, 1/4 *fourrages*, 1/4 *froment*; 1/4 *froment* tout entier soit possible avec la même application du fumier, c'est-à-dire, que toute la réserve de fumier, après celui nécessaire pour le guéret, ne soit pas suffisante, et que cette partie ne puisse plus être occupée que par du froment et de l'avoine par exemple, de sorte que la culture serait 1/4 *guéret*, 1/4 *(froment, avoine)*, 1/4 *fourrages*, 1/4 *froment*.

Nous n'avons pas à nous demander si cette culture est possible, puisque nous faisons précisément de l'avoine au lieu de froment pour qu'elle le soit, et elle le sera toujours, avec cette même application du fumier, jusqu'à ce que la réserve du fumier ne soit plus suffisante, après le guéret, pour produire le blé le moins exigeant de tous sous le rapport du fumier, c'est-à-dire, jusqu'à 1/4 *guéret*, 1/4 *avoine*, 1/4 *fourrages*, 1/4 *avoine*.

C'est donc la limite inférieure de possibilité de ce système, et elle est assez basse pour qu'on puisse dire, sans crainte de se tromper, de toute culture qui peut se suffire à elle-même.

Mais toutes les cultures intermédiaires peuvent donner, par degrés insensibles, en variant de même les quantités du froment, de l'avoine ou autres céréales, tous les états de produit compris entre ces deux cultures ; et l'application du fumier étant toujours la même, toutes ces cultures peuvent être représentées par $1/4$ *fumé*, $1/4$ *blés*, $1/4$ *fourrages*, $1/4$ *blés* (blés désignant des céréales quelconques).

Donc, toutes les premières diminutions de produit peuvent être données et représentées par le plan $1/4$ *fumé*, $1/4$ *froment*, $1/4$ *fourrages*, $1/4$ *froment*, toutes les secondes par $1/4$ *fumé*, $1/4$ *blés*, $1/4$ *fourrages*, $1/4$ *blés* ; Mais ce premier plan rentre dans le second, en supposant que les blés soient du froment, donc, le plan $1/4$ *fumé*, $1/4$ *blés*, $1/4$ *fourrages*, $1/4$ *blés*, peut donner tous les états de produit possibles, et par degrés insensibles, depuis le plus grand produit possible absolu, jusqu'à la limite inférieure de toute culture qui peut se suffire à elle-même, réduite à ses seules ressources ; donc, il peut donner, convenablement employé, le produit de la culture réduite à ses seules ressources, que nous aurions à établir, quelle qu'elle fût, pour tirer de la terre le plus grand produit possible, continuellement, en proportion de nos ressources quelles qu'elles soient, aux moindres frais possibles; donc, ce plan est bien celui que nous cherchions, et tel que nous le cherchions.

Avant d'aller plus loin, examinons une objection

2

grave que l'on pourrait, il semble, faire à ce système; cela nous montrera, en même temps, *comment employer ce plan pour tirer de la terre et des animaux le plus grand bénéfice possible,* ce qui est notre but définitif.

Cette objection serait que la quantité des fourrages indiquée par ce plan n'est pas toujours suffisante, et ne paraît pas susceptible d'augmentation.

Cette quantité 1|4 fourrages est nécessaire, et elle peut être même suffisante pour entretenir le nombre d'animaux indispensable à la culture, mais souvent le bénéfice le meilleur et le plus net de notre exploitation serait celui que nous pourrions en retirer par un plus grand nombre d'animaux ; il nous faudrait donc y renoncer malgré cela, si nous suivions ce plan, il est défectueux sous le rapport des fourrages ? Non. Remarquons d'abord que c'est une affaire purement de circonstances, car nous n'aurons intérêt à remplacer le produit des récoltes par celui des animaux, que quand ce dernier sera plus grand ; cependant je dis que nous pourrons toujours produire des fourrages ou entretenir des animaux autant que nous y trouverons bénéfice, mais dans la limite de nos ressources, bien entendu.

En effet, n'avons-nous pas la partie 1|4 *fumé* dont l'emploi est indéterminé, que par conséquent nous devons occuper par les récoltes qui nous donnent le plus de bénéfice de quelque manière que ce soit,

(excepté par les blés), pourvu que leur ensemble
soit en proportion de nos ressources (page 28) ; par
exemple, si nos ressources sont grandes, au lieu de
remplir 1/4 *fumé* par du colza, je suppose, nous
pourrons, si nous y trouvons plus de bénéfice par
les animaux, l'occuper en partie, comme nous l'avons
expliqué page 26, par plus ou moins de betteraves
et une récolte inférieure, qui sera un fourrage puisque
nous le désirons, et même si nous voulions, nous le
pourrions tout entier en betteraves et en fourrages.

Si nos ressources sont moins grandes, nous aurions dans cette partie moins de racines et des fourrages, ou, si elles ne nous permettaient pas les
racines, nous pourrions l'occuper, même tout entière,
par des fourrages simples ; car de toutes les récoltes
ce sont les fourrages qui exigent le moins de fumier
pour eux et après eux par rapport aux blés qui doivent les suivre, et ils en favorisent la production et
la richesse (page 22).

Enfin, si nos ressources sont extrêmement petites,
nous pourrons occuper 1/4 *fumé* par des fourrages
et du guéret, ou, à tout le moins, par du guéret
seul, qui lui-même aussi est encore une ressource
par le pâturage quoique de peu de valeur qu'il pro-
cure ; mais d'après l'expérience que nous avons dite
(page 23), les fourrages ne demandent pas plus de
fumier pour eux et après eux que le guéret, et peuvent le remplacer avec avantage sous tous les rapports.

Nous voyons donc que nous pourrons toujours augmenter la quantité des fourrages ou des animaux autant que nos ressources actuelles le permettent. Mais si la quantité des animaux était plus grande, celle du fumier le serait aussi, et par conséquent le produit des récoltes serait plus grand : il faut donc en conclure que nous devons augmenter la quantité des fourrages et le nombre des animaux au moins tant que le bénéfice des récoltes que nous remplacerions par des fourrages, ne sera pas supérieur à celui des animaux que nous pourrions nourrir ainsi ; car d'un côté, par les animaux, nous aurons un bénéfice supérieur à celui des récoltes remplacées par les fourrages ; d'autre part, le produit des autres récoltes sera plus grand ; nous retirerons donc des récoltes et des animaux le plus grand bénéfice possible.

Mais c'est l'état le plus ordinaire de la culture d'être réduite à ses seules ressources, on ne peut pas ou on ne veut pas acheter de fumier, ou on n'en achète que peu ; examinons donc avec soin, jusqu'où ce plan peut nous être utile.

Il règle autant qu'il soit possible la composition de la culture, il ne laisse qu'une seule partie indéterminée pour que nous puissions agir selon nos besoins, nos intérêts et les circonstances, comme nous venons de l'apercevoir; et encore il marque une condition majeure pour cette partie : elle recevra tout le fumier produit ; il fixe donc l'emploi du fu-

mier, le genre des trois quarts des récoltes, leur succession, leurs quantités proportionnelles, et la disposition du fumier par rapport à la 4me partie. Mais
pourquoi cette partie reste-t-elle indéterminée, ainsi
que les espèces des autres? uniquement parce que
la quotité de nos ressources n'est pas, elle-même,
déterminée ; quand elles le seront, c'est-à-dire
quand il s'agira de l'application de ce plan, nous
verrons avec quelle facilité il permet de déterminer
les espèces et les quantités de toutes les récoltes, en
proportion de nos ressources quelles qu'elles soient ;
ce serait donc entièrement de notre faute si, en
prenant ce plan pour modèle, nous n'obtenions pas
une culture qui, par sa composition, tirerait continuellement de notre exploitation le plus grand bénéfice, ou qui au moins en approcherait beaucoup.

Mais ce système de culture nous offre encore de
si grands et si nombreux avantages qui résultent de
sa régularité, qu'ils suffiraient, presqu'à eux seuls,
pour nous le faire adopter.

En effet, en agriculture, au moins autant que dans
toute autre industrie, il faut de l'ordre d'abord, et
connaître ses besoins, ses ressources et ses moyens
d'action : nous obtiendrons la première de ces conditions par sa régularité continuelle ; ensuite nous
saurons toujours ainsi, et à l'avance, ce que nous
aurons de terrain à fumer chaque année, ce que nous
produisons de fumier pareillement chaque année,

et par conséquent ce que nous pouvons en mettre par hectare, ce qui nous déterminera sûrement le choix des récoltes ; nous saurons de même ce qu'il nous faut de chevaux, de bestiaux, de fourrages et autres plantes fourragères, etc ; et encore sous un autre rapport, ce qu'il nous faut d'ouvriers et d'argent à telles époques, etc. Tout cela n'est-il pas, sans contredit, de première importance, au moins comme ordre et économie.

Au lieu d'avoir à nous occuper, chaque année, avec beaucoup de soins et de mal, de l'emploi de notre terrain tout entier, et de la distribution de notre fumier presque partout, nous n'aurons à nous occuper, une fois pour toutes pour ainsi dire, que du quart seulement. Comme cela simplifie la culture et la rend plus facile.

Mais encore, sous le rapport du progrès : la première condition de cette culture est de produire, chaque année, le plus de fumier possible en proportion des ressources (page 35), de sorte que forcément, et malgré nous pour ainsi dire, elle en produira, chaque année, de plus en plus, et par conséquent deviendra de plus en plus riche.

Si la culture n'est pas régulière, comment voulez-vous apercevoir les défauts ou les corrections à faire sur une chose qui ne se ressemble pas, peut-être, deux années de suite ? Mais combien, au contraire, il est aisé de les apercevoir, et de les exécuter sur une culture maniable, et que vous avez continuellement sous les yeux.

Si la culture n'est pas régulière, il faudrait en composer une nouvelle, chaque année, qui tirerait de la terre le plus grand produit possible, etc. Quelle prétention ! N'aurons-nous pas bien assez de mal à en composer seulement une seule qui, du reste, se modifiera et progressera par elle-même.

Comment encore sans cela, juger de la valeur d'une culture ? Elle peut être superbe cette année, mais la prochaine et les suivantes que sera-t-elle ?

Par toutes ces considérations, nous ne pouvons manquer d'être bien convaincus de l'utilité et des avantages énormes de ce plan général de la culture réduite à ses seules ressources ; son application, c'est-à-dire la Pratique, viendra les confirmer, et encore les augmenter.

Arrivons maintenant au cas tout à fait général.

De la culture quand on emploie des ressources du dehors.

Ici, nous pouvons tirer du dehors pailles, fourrages, fumier, etc, la culture n'est donc obligée de produire aucune de ces choses nécessaires ; par conséquent nous ne pouvons trouver directement aucunes conditions précises pour l'établir ; cependant voyons si, par comparaison, nous ne pourrions arriver à quel-

que chose de certain. Et d'abord quel est le but de
la culture dans ce cas actuel ? C'est, comme quand
elle est réduite à ses seules ressources, de tirer de
la terre le plus grand produit possible aux moindres
frais possibles, en proportion de nos ressources,
mais doit-elle, aussi, le faire continuellement ? Non,
pas toujours ; car si nous l'avions portée à un haut
degré par des achats de fumier, et que, par un mo-
tif quelconque, nous cessions ces achats, ou qu'ils
fussent moins forts, il en résulterait évidemment une
défaillance considérable dans la culture ; par conséquent, en général, elle ne doit pas le faire continuellement ce qui marque un progrès continu, ni constamment ce qui indique une fixité absolue, mais cependant
elle doit donner le plus grand produit possible aux
moindres frais possibles, toutes les fois et à mesure
que nous lui fournissons du fumier ; eh bien ! alors,
servons-nous du mot *toujours* qui exprime cette
idée, comporte les deux autres, mais ne les emporte
pas nécessairement. Le but général de la culture est
donc, comme nous l'avons dit, de tirer de la terre le
plus grand produit possible, toujours, aux moindres
frais possibles, en proportion de nos ressources.

Examinons, cependant, si elle ne doit pas le faire
continuellement, au moins jusqu'à la limite supérieure
de la culture réduite à ses seules ressources.

Supposons, que par des achats de fumier, nous
soyons arrivés plus ou moins près de cette limite,

et que nous les cessions tout à coup, que devrait
alors faire la culture ? Jusque-là, elle peut et par
conséquent elle doit se soutenir par elle-même au
même degré, et de même progresser, c'est-à-dire
tirer de la terre le plus grand produit possible, continuellement, etc. Donc, jusqu'à cette limite, les conditions et les quantités de fumier étant exactement
les mêmes, la culture ne peut être différente. Donc,
jusqu'à la limite supérieure de la culture réduite à
ses seules ressources, c'est-à-dire, tant que la somme des quantités du fumier produit et acheté, ne
surpassera pas celle la plus grande que la culture
réduite à ses seules ressources peut produire, le plan
de la culture doit toujours être le même.

Dans l'état ordinaire, et pour peu que notre exploitation ait d'étendue, ceci nous donne déjà une grande
marge pour nos achats de fumier, et elle sera généralement bien suffisante.

Mais ne pourrions-nous pas l'étendre encore d'a-
vantage, sinon avec la même certitude, au moins
avec une très grande probabilité ? Jusqu'à la limite
de possibilité de ce système de culture ! Nous en
avons discuté les conditions nécessaires et suffisantes
(page 21 et suivantes), qui sont en définitive : que
la partie 1/4 *fumé* soit occupée par des récoltes tant
riches qu'on pourra, autrement dit, qu'elle consomme
du fumier tant qu'elle pourra, pourvu qu'après ces
récoltes produites avec cette masse de fumier, cette

partie ne soit ni trop maigre, ni trop grasse, pour
que le blé qui la suit soit beau : ici, que nous achetons considérablement de fumier, nous n'avons pas
à craindre qu'elle soit trop maigre, et nous pouvons
faire en sorte qu'elle ne soit pas trop grasse, quelle
que soit pour ainsi dire la quantité de fumier que
nous achetions. En effet, si nous occupions cette
partie par des récoltes simples qui consomment beaucoup de fumier, telles que le colza, les betteraves,
les pommes de terre, etc., ou si, plus encore, nous
doublions ses récoltes, en portion plus ou moins
grande, selon la quantité de fumier, c'est-à-dire, si
nous faisions suivre, par exemple, une partie du colza
par du blénoir, des navets, ou même par des betteraves, en ajoutant du fumier après le colza ; sans
doute elles ne seront pas aussi belles, mais elles
seront encore d'un bon produit ; nous les aurons
comme récolte dérobée, et elles nous coûteront toujours moins cher que si nous les avions faites direcment. Ou bien, si nous faisions précéder les betteraves
par de la vesce, du trèfle incarnat, du seigle, des navets
ou du colza à faucher, etc. Enfin, si nous occupions la
partie 1/4 *fumé* par une combinaison semblable de récoltes convenablement choisies, nous voyons bien, en
agissant ainsi, que nous profiterions immédiatement du
fumier, et que nous l'épuiserions plus ou moins par cette
récolte simple ou double, plus ou moins riche en
proportion que nous en acheterions plus ou moins ; que
par les trois autres récoltes qui suivent, nous tirerions

du fumier, bien peu s'en faut si ce n'est tout à fait, le plus grand produit possible, que par conséquent ce système de culture doit-être, ou bien peu s'en faut, le meilleur encore dans le cas actuel (page 24). Au reste, nous n'achetons pas du fumier pour notre plaisir sans doute, eh bien ! si nous n'épuisions pas suffisamment notre fumier par cette seule succession, nous en mettrions un peu moins à la suivante, et par ces deux successions consécutives, nous en tirerions le plus grand produit possible Quoiqu'il en soit, si à cette très grande probabilité d'être le meilleur, nous ajoutons les conditions d'ordre, d'économie et autres avantages si importants que nous avons énumérés (page 36 et suivantes), et qui résultent non pas de la richesse des récoltes, mais de l'établissement seul de ce système, il ne peut nous rester aucun doute, au moins jusqu'à cette limite.

Or, il sera au moins très-rare que nous veuillions, et même que nous puissions, acheter une quantité de fumier plus grande que celle que nous pourrions consommer ainsi que nous venons de le voir ; nous pouvons donc dire avec certitude que 1⁄4 *fumé,* 1⁄4 *blés,* 1⁄4 *fourrages,* 1⁄4 *blés,* est le plan général et vrai de la culture qui tire de la terre le plus grand bénéfice possible, toujours, aux moindres frais possibles, en proportion de nos ressources quelles qu'elles soient.

APPLICATION DU PLAN GÉNÉRAL

Nous avons vu brièvement (page 33), comment nous devions employer la partie 1/4 *fumé* pour tirer de notre exploitation le plus grand bénéfice possible, en proportion de nos ressources ; mais cette question est trop importante pour ne pas l'approfondir.

Nous avons dit alors, pour tirer de notre exploitation totale le plus grand bénéfice possible, c'est-à-dire des récoltes et des animaux, en tenant compte de nos intérêts et des circonstances, il faut faire, au-delà de 1/4 *fourrages*, dans la partie 1/4 *fumé*, le plus de fourrages possibles, au moins tant que le bénéfice des récoltes que nous remplacerions ainsi par des fourrages destinés à nourrir les animaux, ne sera pas supérieur à celui des animaux en plus que

nous entretiendrions avec cette quantité ; il faut
donc pouvoir juger quand le produit des récoltes
sera supérieur, et par conséquent savoir comment
nous devrions employer $1/4$ *fumé* en proportion de
nos ressources, par des récoltes autres que les fourrages, pour que le produit de ces récoltes seules soit
le plus grand possible, etc. Sans cela, nous ne pourrions comparer et décider si ($1/4$ *fumé* étant composé de colza et de blénoir, je suppose), le produit
d'un hectare de fourrages consommés par les animaux, ou même vendus, est supérieur ou au moins
pas inférieur à celui d'un hectare de blénoir.

Mais nous ne disons pas assez ; car les fourrages
consomment moins de fumier, et en demandent après
eux, moins que le blénoir ; de sorte qu'en remplaçant ce dernier par des fourrages, il y aura nécessairement un excédant de fumier qui sera libre, et avec
lequel nous remplacerons une autre partie du blénoir
par du colza ; nous ne devons donc pas comparer le
produit simple d'un hectare en fourrages avec celui
d'un hectare en blénoir, mais ce produit composé de
celui des animaux d'abord, et de la différence de la
quantité de colza que nous aurions en plus au lieu du
blénoir, sur la même de blénoir : supposons que
cette quantité de colza soit d'un quart, nous aurons
à nous demander si le bénéfice d'un hectare en fourrages consommés par les animaux, augmenté de la
différence d'un $1/4$ d'hectare en colza sur $1/4$ d'hec-

tare en blénoir, n'est pas inférieur à celui d'un hectare en blénoir.

Si nous remplaçions le colza par des betteraves, il
faudrait comparer si le produit d'un hectare en betteraves mais diminué, au contraire, de la différence
d'1¼ d'hectare en colza sur 1¼ d'hectare en blénoir, n'est pas inférieur à celui d'un hectare en colza ;
car les betteraves exigeant plus de fumier que le colza, il faudra remplacer une partie de celui-ci par du
blénoir, d'où cette différence en moins.

Cependant, dans le premier cas, la différence en
augmentation est trop petite, et dans le second, la
différence en diminution est trop grande ; car ces
fourrages et ces betteraves produisent, par eux-
mêmes pour ainsi dire, du fumier dont nous n'avons
pas tenu compte.

Nous pouvions prévoir ces deux différences, l'une
en plus et l'autre en moins ; car nous avons dit
(page 28), moins la culture contiendra de récoltes
inférieures, c'est-à-dire, plus sera grande la partie
de 1¼ *fumé* occupée par la récolte *normale* (*),
plus le produit des récoltes sera grand : Or, en remplaçant le blénoir par des fourrages qui demandent moins
de fumier que lui, nous augmentons la quantité de la
colte *normale* sans augmenter celle des récoltes infé-

_____

(*) Nous entendons par récolte normale celle qui est la plus
près de recevoir juste assez de fumier pour être suivie du reste
de la succession, sans qu'il soit besoin de réserve.

rieures, par conséquent le produit des récoltes doit-
être plus grand ; mais, en remplaçant le colza par des
betteraves qui demandent plus de fumier que lui,
nous diminuons la quantité de cette récolte normale
et nous augmentons nécessairement celle des récoltes
inférieures ; donc le produit des récoltes doit être
moins grand. (Cette remarque que nous faisons pour
les fourrages et les betteraves, s'applique également
à toutes autres récoltes). Néanmoins, comme nous
l'avons dit (page 25), quand il s'agit des animaux,
le profit ou les avantages que l'on retire par ce remplacement, peuvent surpasser la perte que l'on éprouve
ainsi sur le produit des récoltes.

Une fois cette comparaison faite et notre déci-
sion prise, nous aurons à nous pourvoir des animaux nécessaires pour la consommation de ces fourrages : mais prenons garde, cependant, que le nombre
des uns, et la quantité des autres, se trouvent limités
par la quantité des pailles ; car il ne serait pas
raisonnable d'avoir plus d'animaux, et par conséquent de fourrages, que nous ne pourrions en entretenir de litière : il est vrai que nous pouvons avancer
ou retarder la consommation des pailles en litière,
en nourissant les animaux plus ou moins à l'étable ou
dehors. Mais il faut toujours, quel que soit le nombre
des animaux, qu'ils soient abondamment nourris ;
c'est le seul moyen d'en tirer le bénéfice, ou de diminuer la perte s'il y en a ; et pour le savoir, cherchons, comme nous l'avons dit, page 44, le produit

de 1/4 *fumé* brut et élémentaire, si on peut dire ainsi, en proportion de nos ressources.

Remarquons bien toute l'importance de cette partie : c'est elle qui reçoit tout le fumier, par conséquent c'est de son emploi que dépend la réussite de toute la culture ; aussi, ne devons-nous pas hésiter, s'il y a doute sur la quantité de fumier à mettre dans une pièce de terre, d'en ajouter une ou deux charretées de plus, nous les regagnerons hardiment par la plus grande beauté des récoltes qui suivent : si, au contraire, nous n'en mettions pas assez, notre succession tout entière serait faible, et nous pourrions perdre beaucoup par cette économie mal entendue.

Observons encore que les blés qui suivent cette partie 1/4 *fumé* demandent à trouver plus ou moins de fumier, selon leurs espèces, que par conséquent, son emploi dépend encore du choix que nous ferons de ces blés : il nous faut donc avant tout, fixer d'une manière décisive, l'espèce et la quantité de ceux qui doivent la suivre immédiatement.

Ce choix, il est vrai, ne dépend pas de nous, ni même toujours de la quantité du fumier, mais quelquefois de l'espèce du fourrage qui doit suivre ces blés ; c'est parfois leur importance qui doit nous décider : ainsi le trèfle qui se sème dans les céréales, ne réussit pas bien partout dans le froment, nous serons donc forcés de choisir ou l'orge ou l'avoine de printemps. Supposons donc que notre premier 1ι4 *blés* soit de l'orge, et que notre fourrage soit du *trèfle*.

A l'inspection de nos blés nous saurons à peu de chose près, ce que nous aurons de mille de paille et par conséquent de fumier : environ quatre fois le poids de la paille, plus ou moins, selon que nous changerons la litière plus ou moins souvent, et à condition que nos bestiaux n'en mangent pas trop ; voyez donc combien nous devons en être je dirai avares, quand il s'agit de leur en donner comme nourriture. Au reste, quand même nous nous tromperions sur le rapport entre les pailles et le fumier, que, notre culture étant régulière, l'expérience d'une seule année nous fera connaître la quantité ordinaire de nos ressources.

Supposons maintenant que 1ι4 *fumé* soit égal à 10 journaux ou 1$\overline{\iota}$2 hectares, c'est-à-dire que notre exploitation soit de 40 journaux de terre labourables; car pour nous, tout se réduit à déterminer l'emploi de cette partie seule ; les quantités et les espèces des récoltes des autres sont, comme nous venons de le dire, choisies et fixées à l'avance, et nous devons en tenir compte dans cet emploi : elles seront 10 journaux en orge, 10 en trèfle et 10 en froment.

Supposons encore que nos ressources soient de 100 charretées de fumier ; que pour le colza suivi de la succession orge, trèfle, froment, il faille 12

3

charretées au journal, telles qu'on les porte dans les
terres labourées, de 1,100 à 1,300 kilog. ; et que
pour le blénoir suivi de la même succession, il faille
9 charretées de fumier, en y comprenant la réserve
nécessaire après lui, et que nous ne devons jamais
en séparer, savoir : 5 charretées pour le blénoir et
4 après lui.

Nous ne donnons pas ces quantités comme certaines, mais à peu près, elles doivent varier selon la
qualité et l'état de la terre ; quelques-uns pourront
même les trouver un peu fortes, mais mieux vaut un
beau colza et un peu moins de blénoir, ou un peu
moins de blénoir et un beau froment, qu'un colza
ou un froment passables.

Il s'agit de déterminer les quantités du colza et
du blénoir qui doivent composer 1j4 *fumé* : pour
nous c'est la question tout entière. Pour cela comparons la quantité du fumier avec celle des deux récoltes qui en demande le moins : multiplions 10,
nombre des journaux de 1j4 *fumé*, par 9, quantité
de charretées de fumier nécessaires pour un journal
de blénoir : pour occuper 1j4 *fumé* tout entier par
du blénoir, il faudrait donc 90 charretées, mais nous
en avons 100 : de 100 ôtons 90, il reste donc 10 charretées pour avoir du colza, c'est-à-dire à ajouter
aux 9 que nous venons d'attribuer au blénoir ; alors
si nous divisons 10 par 3 qui est la différence entre
12 et 9 qui sont les quantités de charretées pour le

colza et le blénoir, le quotient sera le nombre des journaux de colza, nous trouvons 3,33 ; retranchons-les de 10, et la quantité du blénoir est 6,67.

Notre culture sera donc :

(3,33 colza, 6,67 blénoir), 10 orge, 10 trèfle, 10 froment.

Vérifions : 3,33 Colza, à 12 charretées	39,96 charretées.
6,67 Blénoir, à 9 »	60,03 »
10 Journaux.	99,99 charretées.

C'est là l'emploi le plus simple de la partie 1/4 *fumé*, mais supposons que cette culture ne soit pas tout-à-fait celle que nous désirerions ; au lieu d'avoir la partie 1/4 blés tout entière en orge, nous voudrions, par exemple, 4 journaux de froment et 6 en orge ; alors tâchons de la corriger.

Si nous voulions moins de froment que nous n'avons de colza, par exemple 3 journaux, il n'y aurait aucune difficulté ; car le colza doit recevoir, bon gré mal gré (page 52), assez de fumier pour être suivi de la succession froment, trèfle, froment ; alors nous ferions directement, et sans avoir rien à changer, ces 3 journaux de froment après 3 journaux de colza : il nous faut donc toujours commencer par faire le calcul précédent, comme si 1/4 blés tout entier devait être en orge, afin de déterminer la quantité du colza, et nous n'aurons à nous occuper que de la différence entre la quantité du froment que nous voulons, et celle que nous aurons trouvée en colza.

Pour obtenir ce reste, il nous faudra opérer sur

le blénoir. Mais le blénoir doit recevoir plus de fumier, y compris la réserve, pour être suivi du froment, que de l'orge, c'est-à-dire recevoir 11 charretées de fumier, par exemple, au lieu de 9, savoir : 5 au blénoir, et 6 après lui : alors il nous faudra remplacer, nécessairement, une partie du blénoir à 9 charretées que nous avons, par une récolte qui demande encore moins de fumier, par du guérêt.

Ainsi, dans cette culture où nous voulons 4 journaux de froment, et où nous n'avons que 3,33 journaux de colza, pour avoir les 0,67 journaux de froment qui nous manquent, il faudra prendre sur les 6,67 journaux de blénoir à 9 charretées, les 0,67 blénoir à 11 charretées, et le reste sera en blénoir à 9 charretées et en guéret, pour lequel ou après lequel il faut, je suppose, 6 charretées de fumier au journal pour être suivi de la succession orge, trèfle, froment. Nous dirons alors : les 6,67 journaux de blénoir ont reçu (6,67 multiplié par 9) charretées de fumier ; si nous prenons sur eux 0,67 journaux de blénoir à 11 charretées pour lesquels il faut (0,67 multiplié par 11) charretées, il nous reste (6,67 moins 0,67) ou 6 journaux, et (6,67 mult. par 9) moins (0,67 mult. par 11) ou 52,66 charretées de fumier ; la question se réduit donc à employer 6 journaux par du blénoir à 9 charretées et du guéret à 6 charretées avec 52,66 charretées de fumier. C'est le même calcul que tout à l'heure, et nous trouvons pour l'emploi de 1ĵ4 *fumé* (3,33 colza, 0,67 blénoir à 11 charr., 5,55 blénoir à 9 charr., 0,45 guéret). Si nous vérifions nous trouvons bien 10 journaux et 99,98 charretées. Notre culture sera donc (3,33 colza, 0,67 blénoir à 11 charretées, 5,55 blénoir à 9 charr., 0,45 guéret), (4 froment, 6 orge), 10 trèfle, 10 froment.

Toutes les corrections que nous aurions à faire, et toutes les questions que nous voudrions nous poser, se réduiront à ces deux opérations ou à d'aussi simples ; nous les réserverons à propos des fourrages, pour ne pas avoir à les répéter.

Nous avons dit tout à l'heure que si nous avions des colzas dans 1/4 *fumé*, c'était après eux que nous devions faire directement les froments : sans aucun doute, le colza pour être véritablement beau, doit recevoir assez de fumier pour être suivi de la succession froment, trèfle, froment ; mais alors, il reçoit donc, à la rigueur, trop de fumier pour être suivi de l'orge, et cela nous cause une perte en fumier, en paille et en grain ; ne pourrions-nous pas mettre un peu moins de fumier au colza ? Non, nous n'en sommes pas les maîtres : il faut que le colza soit beau ; sans cela nous perdrions sur son produit, nous ne gagnerions rien en paille ni en grain, et cette perte égalerait au moins la petite économie de fumier que nous réaliserions ainsi ; mais si notre colza a été bien fumé, nous aurons une orge très-belle au lieu de l'avoir simplement belle ; et si il a été richement fumé, nous pouvons remédier à cette difficulté, sous tous les rapports, en faisant du blénoir, par exemple,

après le colza, comme récolte dérobée ; dussions-
nous même mettre une charretée de plus au colza :
en effet, nous aurions ainsi, les grains d'un journal
d'orge et d'un de blénoir pour ceux d'un en froment,
et les pailles d'un d'orge et d'un de blénoir pour
celles d'un de froment.

Voilà donc l'emploi de la partie 1/4 *fumé* déterminé en proportion de nos ressources et par rapport
aux blés choisis, selon nos besoins, on dirait même
presque selon nos volontés, avec une entière certitude et la plus grande facilité ; mais cela ne suffit
pas, il faut que nous fassions en sorte que les quantités de fumier soient prêtes aux époques voulues ;
nous y parviendrons en choisissant nos récoltes de
manière que leurs façons soient suffisamment espa-
cées, et en fournissant davantage de litière, à ces
époques, s'il est besoin, nos bestiaux et autres animaux.

Voyons donc ce qu'il nous faut de fumier aux diverses époques ; il faut que nous puissions tout savoir avec certitude, afin de prendre nos précautions,
et de n'être jamais pris en dépourvu. Ce compte est
des plus simple ; il ne faut que séparer les deux
quantités de fumier que nous avons attribuées à une
même récolte, et qui se composent de celle nécessaire
à cette récolte, et de la réserve qui ne doit servir
qu'à une récolte suivante. Si nous prenons pour
exemple la culture
(3 colza à 12 ch., —2 blénoir à 11., —3 blénoir à 9.
2 guéret à 6) (5 orge, 5 froment), 10 trèfle, 10 froment,

nous trouvons qu'à l'automne il nous faut : 36 charretées pour le colza et 12 pour le froment ; à la façon de l'orge 24 ch., et à la façon des blénoirs 25 ch.

Il est clair que ces comptes ne doivent être faits qu'après que le plan de culture a été définitivement arrêté et a reçu toutes les modifications désirées.

A présent que nous avons l'emploi de la partie 1/4 *fumé* par des récoltes autres que les fourrages, nous pouvons comparer si nous aurions bénéfice à remplacer le blénoir, par exemple, par des fourrages consommés par les animaux, ou même vendus. Reprenons notre première culture (3,33 colza, 6,67 blénoir), 10 orge, 10 trèfle, 10 froment, avec toutes ses mêmes conditions, et disons que pour un journal de fourrages suivi de la succession orge, trèfle, froment, il faut 6 charretées de fumier. La question est de savoir quels changements le remplacement d'un journal de blénoir par un journal de fourrages opérera dans cette culture. D'abord le fourrage recevant moins de fumier que le blénoir, il y aura nécessairement une quantité plus grande de la récolte supérieure au blénoir, c'est-à-dire de colza ; cherchons qu'elle sera cette quantité : un journal de fourrages reçoit 6 charretées de fumier, le blénoir 9 ; pour un journal de fourrages remplaçant un journal de blénoir, il y a donc un excédant de 3 charretées de fumier à reporter sur le colza, c'est-à-dire à ajouter aux 9 déjà mises au blénoir ; alors si je divise cet excédant par la différence entre 12 et 9, autaut j'aurai de colza en plus : ici, pour un journal de fourrages l'excédant est de 3, la différence entre 12 et 9 également de 3, je divise 3 par 3 ; nous aurons donc 1 journal de colza en plus : si nous avons un journal de colza en plus, nous aurons un journal de blénoir en moins d'abord, et encore en moins celui que remplace le journal de fourrage, c'est-à-dire 2 journaux, et 1⁄4 *fumé* deviendra (3,33 colza plus 1 colza, 1 fourrages, 5,67 blénoir moins 1 blénoir), au lieu de (3,33 colza, 6,67 blénoir) ; nous avons donc à comparer les parties par où ils diffèrent, c'est-à-dire si le bénéfice procuré par 1 journal en fourrages augmenté de la différence de 1 journal colza sur 1 journal blénoir, n'est pas inférieur au produit de 1 journal en blénoir. Ce n'est plus qu'une question d'expérience. Connaissant la quantité de colza en plus pour 1 journal de fourrages, nous l'aurons pour une quantité quelconque en multipliant la première par la seconde. Mais si nous voulions directement 2 journaux de fourrages, nous dirions : 2 journaux de fourrages donnent un excédant de 6 charretées de fumier ; si nous divisons ce nombre par 3, le quotient sera le nombre des journaux de colza en plus.

Les fourrages et le guérêt, d'après ce que nous avons dit (page 23), demandent à bien peu près la même quantité de fumier ; alors si 1⁄4 *fumé* contenait du guéret et que nous voulussions des fourrages,

nous le remplacerions directement, sans autre chan-
gement. C'est pour cela que si nous voulions et
pouvions introduire les betteraves, par exemple,
dans 1/4 *fumé*, nous devrions commencer par là ; car
il pourrait en résulter du guéret et par conséquent
directement des fourrages, plus ou moins, selon que
nous prendrions ces betteraves sur le colza ou sur
le blénoir.

Servons-nous de cette occasion pour prendre un
exemple qui renferme tout ce que nous pouvons
demander, et qui, alors, résume tous les calculs à
faire ou que nous avons faits,

Il s'agit d'employer 40 journaux de terre avec
100 charretées de fumier, de manière que nous ayons
un journal de betteraves pour lesquelles il faut 16
charretées de fumier, 5 journaux de froment, 5 d'orge,
1 journal en fourrages, du blénoir, et du colza si
c'est possible ; car, évidemment, nous ne pouvons
demander ni fixer la quantité de toutes les récoltes.
Tout se réduit pour nous à chercher l'emploi de la
partie 1/4 *fumé* qui est égale à 10 journaux.

Nous commencerons par chercher son emploi par
du colza et du blénoir comme si 1/4 blés tout entier
devait être en orge, nous avons trouvé pour l'emploi de 1/4 *fumé* (3,33 colza, 6,67 blénoir). Après
cela nous introduirons 1 journal de betteraves, pre-
nons-le sur les colzas. (C'est le second calcul que
nous avons fait en commençant.) Les 3,33 colza ont
reçu (3,33 multiplié par 12) ou 39,96 charretées de

fumier ; si je prends sur eux 1 journal de betteraves qui reçoit 16 charretées, il restera 2,33 journaux et 23,96 charretées de fumier, et la question se réduit à savoir comment employer ces 2,33 journaux avec ces 23,96 charretées : par du colza et du blénoir, du blénoir seul, ou du colza et du guéret ? Pour le savoir multiplions 2,33 par 9, quantité de fumier pour 1 journal de blénoir; nous trouvons qu'il suffirait de 20,97 charretées pour les occuper entièrement par du blénoir; mais nous en avons 23,96, nous pourrions donc occuper ces 2,33 journaux par du colza et du blénoir; mais nous avons déjà beaucoup de blénoir, et nous avons demandé 1 journal de fourrages, alors cherchons leur emploi par du colza et du guéret ; car, si il en résultait 1 journal de guéret, nous aurions directement à sa place notre journal de fourrages. Il s'agit donc d'occuper 2,33 journaux par du colza et du guéret avec 23,96 charretées de fumier. C'est le premier calcul que nous avons fait, et nous trouvons (1,66 colza, 0,67 guéret) : pour ce journal de betteraves 1/4 *fumé* sera donc devenu (1 *betteraves*, 1,66 *colza*, 0,67 *guéret*, 6,67 *blénoir*).

Nous avons moins de 1 journal en guéret, par conséquent nous ne pouvons pas directement notre journal en fourrage, mais nous voulons 5 journaux de froment au lieu d'orge, c'est-à-dire 5 journaux de blénoir à 11 charretées au lieu de 9 qu'il a reçues, il en résultera encore du guéret. Attendons. De ces 5 journaux de froment nous en ferons directement

2,66 après les betteraves et le colza, et il nous restera (5 moins 2,66), ou 2,34 journaux de blénoir à
11 charretées à prendre sur les 6,67 de blénoir à 9.
C'est le second calcul que nous avons fait, et nous
trouvons pour l'emploi des 4,33 journaux qui restent
après avoir enlevé les 2,34 blénoir à 11 charr. des
6,67 blénoir à 9 charretées, 2,77 blénoir à 9 charretées et 1,56 de guéret. Par la condition des betteraves et des 5 journaux de froment 1‚4 *fumé* est
devenu (1 betteraves, 1,66 colza, 2,34 blénoir à 11,
2,77 blénoir à 9, 2,23 guéret). Sur les 2,23 guéret
remplaçons directement 1 guéret par 1 fourrages,
notre culture accomplira toutes les conditions deman-
dées, et sera (1 betteraves, 1,66 colza, 2,34 blénoir
à 11, 2,77 blénoir à 9, 1 fourrages, 1,23 guéret) (5 orge,
5 froment, 10 trèfle, 10 froment.

Si nous vérifions nous trouvons 10 journaux et
99,97 charretées de fumier.

Il est bien clair que, dans la Pratique, nous n'aurons pas les quantités des récoltes avec une pareille
exactitude, à cause de l'étendue irrégulière de nos
champs; mais si nous prenons attention de combiner
les plus petits avec les plus grands, et de partager
ceux-ci, notre culture sera établie de manière que
nous ne nous en éloignerons que bien peu.

Si, dans cet emploi de 1‚4 *fumé* nous trouvions
que la quantité des blénoirs fût trop grande, nous
pourrions remplacer le blénoir à 9 charretées par du
colza et du guéret après lequel il faut 6 charretées

de fumier pour être suivi de la succession orge, trèfle, froment ; ou remplacer le blénoir à 11 charr. pareillement par du colza et du guéret, en observant qu'après le guéret, pour qu'il soit suivi de froment, trèfle, froment, il faut 8 charretées de fumier ; comme les 2,34 blénoir à 11 charr. ont reçu (2,34 multip. par 11) charretées de fumier, la question est d'occuper 2,34 journaux par du colza à 12 charr. et du guéret à 8 charr. avec 25,74 charr. de fumier.

Si nous voulions comparer les betteraves au colza et au blénoir, il eût fallu chercher dans cet exemple, comment employer les 2,23 journaux de colza qui restent après 1 journal de betteraves, par du colza et du blénoir, au lieu de colza et guéret, et nous aurions trouvé alors pour l'emploi de 1/4 *fumé* (1 betteraves, (2,33 colza moins 1,34 colza), 1,34 blénoir, 6,67 blénoir). Il faudrait donc comparer si le bénéfice résultant d'un journal de betteraves diminué de la différence du produit de 1,34 colza sur 1,34 blénoir, n'est pas inférieur à celui de 1 journal en colza.

Il pourrait arriver que le colza ne suffît pas seul à la quantité de betteraves que nous désirons ; alors nous prendrions tout à la fois sur le colza et le blénoir à 9 charretées, et nous aurions à chercher l'emploi du reste par du blénoir et du guéret. Ainsi dans la culture (1 colza, 3 blénoir à 11 charr., 6 blénoir à 9 charr.), (4 froment, 6 orge), 10 trèfle, 10 froment, si nous voulions 2 journaux de betteraves pour lesquelles il faut 32 charretées de fumier, nous dirions : 1 colza a reçu 12 charretées de fumier et 6 blénoir à 9 charr. 54 charretées ; total 7 journaux et 66 charretées de fumier. Si nous en ôtons 2 journaux de betteraves et 32 charretées de fumier, il reste 5 journaux à occuper par du blénoir à 9 charretées et du guéret avec 24 charretées de fumier.

Dans notre premier exemple nous eussions pu prendre le journal de betteraves sur les 6,67 blénoir au lieu du colza, et nous aurions trouvé pour l'emploi de 1/4 *fumé* (3,33 colza, 1 betteraves, 3,32 blénoir, 2,35 guéret).

En comparant les deux emplois de 1/4 *fumé* selon que nous avons pris les betteraves sur le colza ou sur le blénoir, nous voyons que dans le premier cas nous n'avons que 0,67 guéret contre 2,35 dans le second ; alors, si nous voulons beaucoup de fourrages avec les betteraves, nous prendrons celles-ci sur le blénoir de préférence.

Mais, lequel serait le plus avantageux, sans tenir compte de ces autres fourrages, de prendre les betteraves sur le colza ou sur le blénoir ? Pour le décider comparons les deux emplois de 1/4 *fumé* : dans le premier cas il est (1 betteraves, 1,66 colza, 0,67 guéret, 6,67 blénoir), dans le second (1 betteraves, 3,33 colza, 2,35 guéret, 3,32 blénoir) ; en supprimant les parties communes, il reste dans la première 3,35 blénoir, et dans la seconde 1,67 colza et 1,68 guéret. Il s'agit donc de savoir si (1,67 colza

plus 1,68 guéret) vaut mieux que 3,35 blénoir, ou si
1,67 colza vaut mieux que (3,35 blénoir moins 1,68
guéret). Pour rendre la comparaison plus facile changeons les 0,67 colza qui ont reçu 0,67 mult. par 12
charretées de fumier contre du blénoir à 9, en esti-
mant ces récoltes d'après les quantités de fumier
qu'elles ont reçues, quoique cela ne soit pas très
juste, c'est-à-dire divisons 8,04 par 9 et nous trouvons 0,89 : remplaçons 0,67 colza par 0,89 blénoir, et
changeons de même 1,68 guéret qui ont reçu (1,68
mult. par 6) charretées de fumier contre du blénoir
à 9 charretées, ce qui nous donnera 1,12 blénoir,
et comparons (1 colza 0,89 blénoir) avec (3,35 blénoir moins 1,12 blénoir) ; cette comparaison sera
juste à bien peu de chose près ; car nous avons cor-
rigé notre première erreur par la seconde : en effet,
si (1 colza 0,89 blénoir) est plus petit que (1 colza
0,67 colza), de même (3,35 blénoir moins 1,12 blénoir) est plus petit que (3,35 blénoir moins 1,68 guéret) ; car le produit de 1,12 blénoir est plus grand
que celui de 1,68 guéret. Supprimant maintenant les
quantités de blénoir communes aux deux, nous aurons
à savoir si 1 colza vaut plus ou moins que 1,34 blénoir. S'il vaut plus, nous prendrons alors les betteraves sur le blénoir, et s'il ne suffit pas seul, nous
aurons recours au colza, pour le reste, comme dans
l'exemple analogue que nous venons de faire.

Nous voyons que, avec ce plan, il n'y a pas de
questions ni de comparaisons relatives à la compo-

sition de la culture, que nous ne puissions résoudre avec la plus grande facilité, et que nous pouvons l'établir et la modifier selon nos besoins, nos intérêts ou les circonstances, en proportion de nos ressources. Ainsi, si par les circonstances, nous avions bénéfice à entretenir le plus d'animaux possible, nous pourrions, si nos ressources le permettaient, remplacer tout le colza par des betteraves et guéret, tout le blénoir par des fourrages et guéret, et tous les guérets qui en résultent par des fourrages : nous pourrions donc 1/4 *fumé* tout entier en betteraves et fourrages, ce qui, avec le 1/4 fourrages de rigueur, nous ferait la moitié du terrain consacré aux animaux, et le terrain tout entier consacré aux ressources.

Mais nous pouvons faire mieux encore ; c'est-à-dire avoir encore davantage de fourrages, sans cependant leur consacrer une plus grande partie du terrain:

Nous avons fait tous nos fourrages comme récoltes directes, et nous en pourrions beaucoup comme récoltes dérobées ; de sorte que par ce moyen, nous pourrions peut-être une quantité suffisante de fourrages, sans diminuer aucunement le produit des récoltes de 1/4 *fumé*, ou, en tous cas, nous le diminuerions beaucoup moins pour en avoir une même quantité.

Mais pour bien voir ce que nous pourrions faire ainsi, formons un tableau des époques des semis et de la récolte de diverses plantes fourragères.

SEMIS.	RÉCOLTE.
Betteraves se sèment à place du 1er Mai au 1er Juin.	Octobre, Novembre.
id. se repiquent Mai, Juin..............	id.
Carottes se sèment à place Mai, Juin	id.
Panais id. id. ....:	id.
Navets id. Mai. Juin, Juillet	id.
Navets à faucher, après une céréale...........	du 15 Mars au 1er Avril.
Colza à faucher, id. ...:.......	du 1er Avril au 15 Avril.
Seigle à faucher, id.	du 15 Avril au 1er Mai.
Trèfle incarnat id. Août,septembre	du 1er Mai au 15 Mai.
Vesce, Février, Mars, Avril, Mai, Novembre.......	Juin, Juillet Août.
Trèfle commun, dans une céréale..............	de Juin à Novembre.

Ce tableau nous montre d'abord, que nous pouvons nourrir nos bestiaux avec des fourrages verts,
depuis le 15 mars jusqu'à l'automne, ce qui est, à
coup sûr, le moyen le meilleur et le plus économique ;
Ensuite, nous voyons qu'après le dernier blé de notre
succession et avant les betteraves, carottes, navets,
nous pourrions avoir comme récoltes dérobées les
navets colza et seigle à faucher, du trèfle incarnat,
et même de la vesce du 1er semis. Avant le blénoir
nous pourrions les avoir tous ; et même après le
colza nous pourrions avoir aussi de la vesce, en la
semant au printemps, au moment où on le bine ;
cela nous procurerait un bon fourrage au commen-
cement de Juillet.

Mais après le dernier blé de notre succession, la
terre se trouve presque complétement épuisée, et
plusieurs de ces plantes fourragères, surtout le seigle
et les navets à faucher (le colza est un peu plus
rustique), ne pourraient donner un bon fourrage sans
recevoir du fumier ; mais à celles-là qui précéderaient
les racines qui demandent beaucoup de fumier, nous

pourrons mettre une partie de celui destiné aux racines, et, après leur coupe nous compléterons la fumure : de cette façon les deux récoltes seront bien assurées.

Sans doute, mais il y a une difficulté, c'est que pour ces seigle, navets ou colza à faucher, il nous faudrait le fumier précisément au moment où nous en aurions besoin pour nos colzas et nos froments ; aurions-nous de l'avantage à changer une partie de nos colzas contre du blénoir, par exemple, ou nos froments contre de l'orge, pour avoir ces fourrages ? Peut-être, il est même à penser que oui : d'autant plus que, venant à la fin de l'hiver, ils nécessiteront moins de betteraves, et le fumier que ces betteraves auraient consommé pourra très bien être reporté à l'automne ; de sorte que, en définitif, nous n'aurions de colza et de froment en moins, que la première année.

Si ces plantes fourragères précédaient le blénoir ou autres qui ne demandent que peu de fumier, il faudrait, si c'est possible, leur mettre tout le fumier destiné au blénoir ; car ces fourrages seront certainement beaux, et comme ils seront coupés en vert, ils ne consommeront que peu de fumier, et en rendront à la terre par la décomposition au moins de leurs racines ; il en restera donc à bien peu près autant dans la terre, il y sera mieux consommé que si on l'avait appliqué immédiatement au blénoir qui, par là, ne pourra manquer aussi de bien réussir : cepen-

4

dant si nous craignions que cela fît du tort au blé suivant, nous mettrions une charretée ou deux de plus après le blénoir; et ce fourrage ne nous coûterait, en tous cas, pas cher.

Quant aux fourrages qui ne demandent pas de fumier, tel que le trèfle incarnat ou la vesce, il n'y a pas de difficulté ; néanmoins, pour eux aussi, la dernière observation ci-dessus ne serait pas déplacée.

Pour bien voir toute l'importance de ces fourrages dérobés, prenons un exemple : supposons que la partie 1/4 *fumé* soit 1 betteraves, 3 colza, 5 blénoir.

Si, avant les betteraves, nous faisions 1/3 en navets à faucher, 1/3 en colza à faucher, 1/3 en seigle à faucher (nous ne ferons que peu de ces trois fourrages car ils durcissent vite) ; après le colza 1 journal de vesce ; et 1 journal de trèfle incarnat avant le blénoir ; nous aurions ainsi 3 journaux de fourrages sans diminuer en rien le produit de 1/4 *fumé*, tandis que si nous les avions fait directement, il eût fallu perdre 6 journaux de blénoir, et nous n'aurions eu que 3 journaux de colza de plus.

OBSERVATIONS. Nous devons conclure de là, que tout ce que nous avons dit jusqu'ici, par rapport aux fourrages et aux animaux, n'est pas suffisant ; car au moyen de ces fourrages dérobés, nous pourrons avoir des uns et des autres au-delà de la quantité déterminée par 1/4 fourrages, sans diminuer aucune-

...dérablement nos ressources, ...
...masse de notre culture, sans qu'il nous
...

Il résulte encore de là que nous devons commencer
...mentation des fourrages, d'abord par l'introduc-
...des betteraves, parce qu'il pourrait en résulter
...ement du guéret ou des fourrages ; et immé-
...ment après voir ce que nous pourrions de four-
...dérobés.

...us voyons donc qu'avec ce système, nous pou-
...obtenir une masse énorme de fourrages, et
...un grand nombre de bestiaux ; ainsi, que le
...provienne soit des récoltes, soit des animaux,
...des deux à la fois, il s'y prêtera toujours mer-
...lleusement. Au surplus, il ne proscrit ni les prai-
... ni autres fourrages de longue durée qui n'en
...rangent point l'ordre et l'économie, il ne s'adresse
...aux terres en labour proprement dites, et laisse
...te liberté dans la disposition des autres parties
...terrain.

...onclusion. Maintenant jetons un regard rapide
...notre travail pour savoir ce qu'il est, ce qu'il
...et quels seraient ses effets. Il est complet,
...pas long, pas savant ; il se résume en une
...le générale très courte, dont l'application est
...plus faciles, et qui permet de déterminer, avec

certitude et précision, l'emploi du terrain par rapport
à nos ressources quelles qu'elles soient, selon nos
besoins, nos intérêts, et les circonstances ; nous
avons énuméré les nombreux et importants avantages que ce système présente par ailleurs, comme
progrès, ordre et économie ; les principes de ce travail sont bons et utiles dans tous les cas, quelle que
soit la culture ; il paraît donc très propre à l'instruc-
tion générale.

Mais, au fond, qu'est-elle cette formule ?

Pour le bien savoir examinons, par exemple,
la Culture (1 betteraves, 1,66 colza, 2,34 blénoir à 11,
2,77 blénoir à 9, 1 fourrages, 1,23 guéret), (5 froment,
5 orge), 10 trèfle, 10 froment que nous avons obtenue
par son application, et modifiée selon nos besoins,
nos intérêts, les circonstances et en proportion de
nos ressources, elle se décompose en 6 assolements
alternes :

1 betteraves.	1 froment.	1 trèfle.	1 froment.
1,66 colza.	1,66 froment.	1,66 trèfle.	1,66 froment.
2,34 blénoir.	2,34 froment.	2,34 trèfle,	2,34 froment.
2,77 blénoir.	2,77 orge.	2,77 trèfle.	2,77 froment.
1 fourrage.	1 orge,	1 trèfle.	1 froment.
1,23 guéret.	1,23 orge.	1,23 trèfle.	1,23 froment.

Mais déjà que de difficultés vaincues ! pour vous
en convaincre, essayez vous-même de composer 6
assolements avec une quantité donnée de fumier, et
de manière que leur ensemble satisfasse à de certaines conditions, sans exiger celle du plus grand

... fumier et une bourse où l'on peut ... ce qu'on veut, et quand on veut.

... toutes les cultures provenant de l'application ... cette formule seront formées d'assolements alternes; ... n'est donc autre que le plan général des assolements alternes par lesquels on puisse occuper le terrain tout entier, de manière que leur ensemble tire de la terre le plus grand bénéfice possible, toujours, aux moindres frais possibles, en proportion de nos ressources quelles qu'elles soient ; et nous savons avec quelle facilité nous les avons formés ; donc si le système des assolements alternes est reconnu pour être le meilleur, notre travail est bon à n'en pas douter ! Du reste, il n'est point spécial, il s'applique à toutes espèces de récoltes, et à toutes les localités pourvu qu'elles puissent produire des blés et des fourrages.

Mais, enfin, les cultivateurs, en général, savent labourer, semer, récolter, d'où vient que l'agriculture ne produise pas davantage et ne marche pas plus vite ? Cela ne peut donc venir que de ce qu'ils ne connaissent pas l'emploi de leur terrain, ni celui du fumier. Alors, dès qu'ils le sauraient, la culture ne pourrait manquer de faire des progrès immédiats et considérables ! Tels sont donc les grands effets qui résulteraient de cet ouvrage, s'il était généralement répandu !

TRANSFORMATION

DE

LA CULTURE ACTUELLE

Nous avons donc établi le plan général de la culture,
pour qu'elle tire de la terre le plus grand bénéfice
possible, toujours, aux moindres frais possibles,
en proportion de nos ressources, et nous avons vu
son application et ses effets ; mais cela ne suffit pas :
il faut encore trouver le moyen de l'exécuter, c'est-à-
dire savoir comment passer, avec certitude et sans
hésitation, de notre culture actuelle à cette autre
que nous avons prise pour modèle ; car cette
transformation ne peut s'opérer brusquement, tout
d'un coup, sans préparations et sans aménage-
ments antérieurs ; le fumier ne se trouverait, sans
doute, pas fait pour les époques voulues, et, quand
bien même, ne serions-nous pas obligés de faire
certaines récoltes sur elles-mêmes : il faut donc
opérer ce passage le plus promptement possible, sans
aucun doute, mais de manière, toutefois, à ne causer

dans la culture actuelle et dans chacune des transformations successives, que les changements aisé-
ment possibles sur celle qui la précède.

Nous avons donc à ramener la culture actuelle,
quelle qu'elle soit, au modèle (1/4 *fumé*, 1/4 blés,
1/4 fourrages, 1/4 blés) dans lequel 1/4 fumé reçoit
tout le fumier.

Tâchons d'agir d'une manière aussi générale que
l'est ce plan , mais avec les seules ressources
que produit la culture, sans rien tirer du dehors ;
dans ce dernier cas, la transformation pourra s'opérer de la même manière, ou, les moyens d'action
étant plus grands, elle n'en sera que plus facile.

La première question qui se présente tout d'abord,
est celle-ci : par où devons-nous commencer notre
réforme ? Par le fumier sans doute, puisque c'est
lui qui est la principale source de notre richesse,
mais par les blés ou par les fourrages ? Si nous faisons attention que la quantité et la qualité du fumier
dépendent autant de l'abondante et bonne nourriture
des bestiaux, c'est-à-dire des fourrages, que de la quantité des pailles ; 2° qu'ils ne demandent que peu ou
point de fumier pour réussir, que par conséquent il
sera toujours facile de les introduire dans la culture ;
3° par ailleurs, les blés réussissant après eux sans
fumier, à cause de leurs vertus améliorantes, leur
seule introduction nous en procurera une grande
économie que nous pourrons reporter sur les blés ou

sur la partie 1ı4 *fumé*, pour l'avancement et la richesse de notre transformation ; par tous ces motifs, il est hors de doute que c'est par eux que nous devons commencer.

Supposons le cas le plus défavorable, où les ressources de la culture seraient les plus petites, et où les terres en labour ne contiendraient pas de fourrages artificiels annuels, c'est-à-dire que les bestiaux ne seraient nourris qu'avec des prairies, ajonc, luzerne, etc., ou autres fourrages de longue durée, et même avec des trèfles que nous aurions l'habitude de conserver deux ans. Il est évident, du reste, que ce qui sera pour le tout le sera également pour la partie, c'est-à-dire si nous avions une partie de nos terres en labour en fourrages annuels, seulement les effets produits seraient moins sensibles.

La limite inférieure de la culture que nous cherchons à établir (il serait inutile de chercher à opérer sur une autre qui serait inférieure, c'est-à-dire qui ne pourrait se suffire à elle-même), cette limite inférieure est (1ı4 guéret, 1ı4 blés, 1ı4 fourrages, 1ı4 blés), dans laquelle 1ı4 guéret reçoit bien toujours le fumier produit, mais à la fin, et il est réservé tout entier pour le blé suivant ; nous pouvons donc supposer pour plus de clarté, qu'il soit appliqué directement au premier 1ı4 blés. Supposons encore que le fourrage que nous voulons introduire se sème dans les blés, et soit le trèfle commun.

Ainsi quelle que soit notre culture actuelle, nous pouvons fumer $1/4$ du terrain assez pour que mis en blés quelconques, froment, seigle ou avoine, la succession (blés fumés, fourrages, blés) soit possible sans nouveau fumier.

Alors la première année faisons ce $1/4$ blés fumés, et sèmons-y du trèfle : nous aurons, première année, $1/4$ (blés fumés et fourrages), plus un certain reste que nous désignerons par R, qui recevra tout le fumier produit hormis celui mis à $1/4$ (blés fumés et fourrages), et qui sera égal aux $3/4$ du terrain. Dans ce reste nous aurons soin de faire le plus de blés possible et des fourrages en quantité suffisante pour la consommation de leurs pailles, afin que les ressources soient les plus grandes possibles, pourvu que la quantité de ces blés ne surpasse pas le $1/4$ du terrain sur lequel nous opérons ; car nous ne devons et ne pouvons en avoir jamais régulièrement plus de la moitié.

L'année suivante, faisons toujours la même chose, et pas d'autre. Nous aurons, deuxième année, $1/4$ (blés fumés et fourrages), $1/4$ (fourrages après blés), plus un certain reste R^2 qui recevra tout le fumier produit, hormis celui de $1/4$ (blés fumés et fourrages), et qui ne sera plus égal qu'à la moitié du terrain.

L'année suivante, toujours pas autre chose, et l'emploi du terrain sera, la troisième année, $1/4$ (blés fumés et fourrages), $1/4$ (fourrages après blés), $1/4$ (blés après fourrages), plus un certain reste R^3 qui recevra toujours tout le fumier produit, hormis celui de $1/4$ (blés fumés et fourrages), mais qui ne sera plus égal qu'au $1/4$ du terrain.

Arrêtons-nous ici, et examinons attentivement cette culture de la troisième année, afin de voir les résultats que nous avons obtenus. Si R^3 avait reçu assez de fumier pour être suivi de la succession (blés et fourrages), (fourrages après blés), (blés après fourrages), sans qu'il fût besoin de lui en ajouter de nouveau, la transformation de la culture serait opérée l'année suivante ; car si nous remplacions R^3 par $1/4$ (blés et fourrages), ($1/4$ blés fumés et fourrages) par $1/4$ fourrages, et $1/4$ (fourrages après blés) par $1/4$ blés, ces trois parties n'ayant pas besoin de recevoir de fumier, la quatrième recevrait tout le fumier produit ou serait $1/4$ fumé, et notre culture serait bien telle que nous voulons ; pour que la transformation soit achevée la quatrième année, la question est donc de savoir si R^3 peut et doit avoir reçu assez de fumier, pour être suivi de la succession (blés et fourrages), fourrages, blés.

Remarquons dans la deuxième année ($1/4$ blés fumés et fourrages), $1/4$ (fourrages après blés), R^2), que par $1/4$ fourrages de plus qu'auparavant, (nous avons supposé qu'il n'y en avait pas du tout dans les terres en labour), il y a eu augmentation considérable du fumier, par leur quantité d'abord, puis par leur introduction seule ; car ce $1/4$ fourrages vient sans fumier,

et par conséquent en laisse une masse disponible plus
grande que nous avons dû employer à produire des blés
et des fourrages (page 72) ; il y a donc accroissement
considérable de fumier de deux côtés à la fois, par les
fourrages et par les pailles ; et cet accroissement sera
reporté tout entier sur l'année suivante, c'est-à-dire
sur R^3 seul, puisque la culture primitive en produisait
déjà assez pour $1/4$ (blé fumé et fourrages) : donc
R^3 reçoit beaucoup plus de fumier que R^2 qui lui-
même en reçoit plus que R ; mais R est égal aux $3/4$
du terrain total, donc, d'une part, R^3 qui n'est plus
que le $1/4$ du terrain, reçoit beaucoup plus de fumier, à lui seul, que n'en recevaient les $3/4$ du terrain ; d'autre part, dans cette troisième année,
aucune partie de R^3 ne peut être employée à produire des blés, puisque nous en avons régulièrement
la moitié du terrain ; ainsi R^3 sera mis en récoltes
que nous pourrons choisir compôts à blés, ne se-
rait-ce même que du guérêt ; il est donc, on peut dire
impossible, que R^3 convenablement employé, et recevant à lui seul plus de fumier que n'en recevaient
les $3/4$ du terrain, n'en reçoive assez pour être suivi
de la succession (blés et fourrages), fourrages, blés,
sans qu'il en soit besoin de nouveau, ou, sans cela
quel était donc le degré de misère de la culture primitive ! Notre transformation sera donc achevée la
quatrième année, et elle ne peut l'être auparavant,
si les fourrages que nous avons choisis se sèment
dans les blés ; car nous n'aurons pas auparavant
$1/4$ (blés après fourrages).

OBSERVATIONS. Si, cependant, dans nos terres en labour, nous avions une certaine partie en fourrages annuels, mais capables de bien durer 2 ans, tel que le trèfle commun, nous pourrions gagner une année sur cette transformation, en les gardant 2 ans, et complétant par des fourrages qui se sèment et se récoltent la même année, telle que la vesce, le 1/4 fourrages qui nous manque ; car dès la première année nous aurions (1/4 blé fumé et fourrages), 1/4 fourrages, R).

Mais dans ces diverses transformations ne perdonsnous rien sur le produit général de la culture ? Au contraire : En effet, le produit et la richesse de la culture sont en proportion du fumier ; or, ici, chaque année nous en produisons davantage, nous sommes donc certains, sans faire attention aux récoltes disparues ou qui disparaîtront, que la richesse de la culture, loin de diminuer, croît toujours de plus en plus chaque année.

Nous voyons que rien n'est plus simple que cette transformation ; qu'elle peut s'opérer sans secousse, et sans autres dépenses que les ordinaires ; et que pendant sa durée, la culture n'en fera pas moins des progrès continuels.

IMPRIMERIE DE Mᵐᵉ Vᵉ E. HAMEL, SAINT-MALO

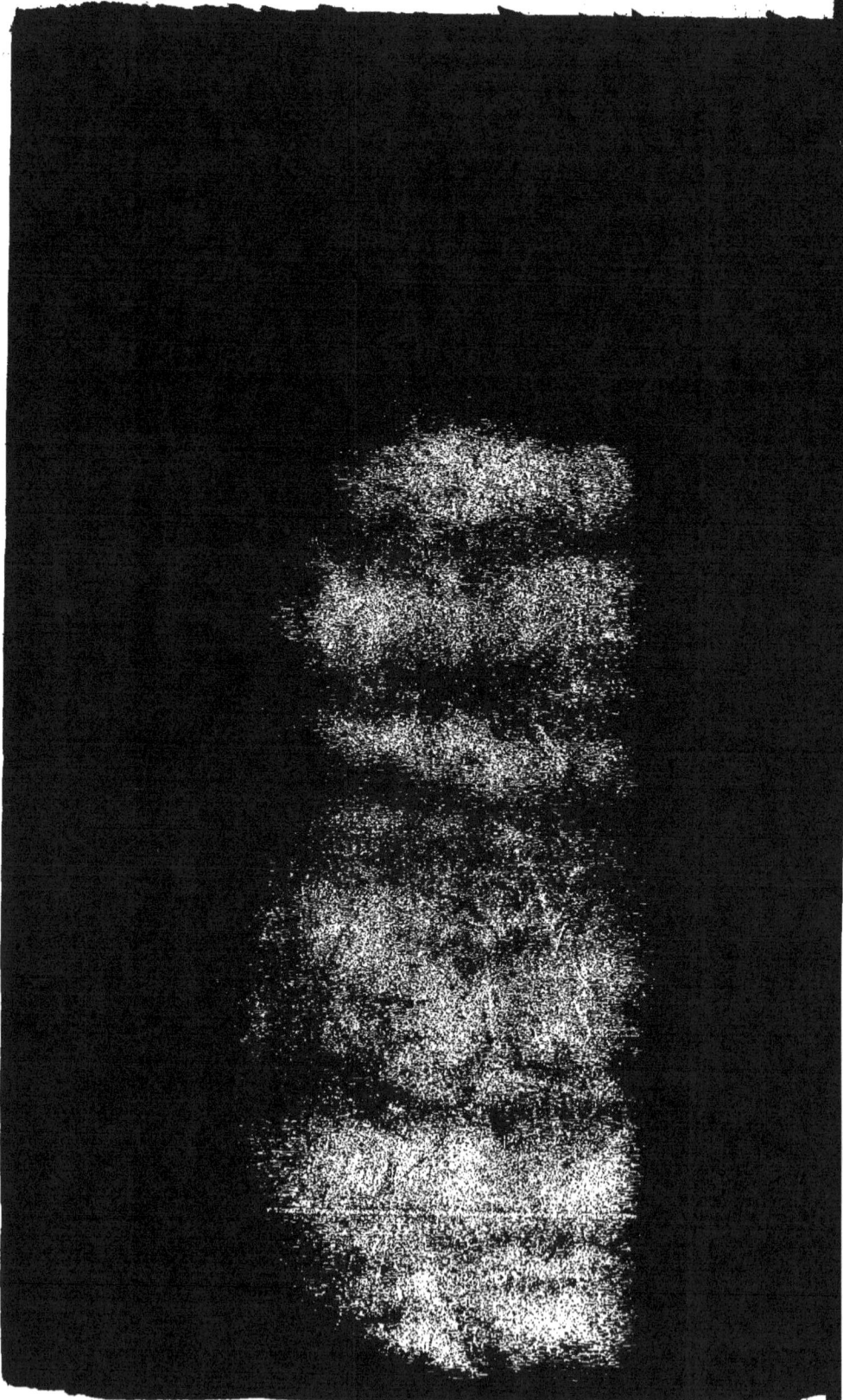

'

www.ingramcontent.com/pod-product-compliance
Lightning Source LLC
Chambersburg PA
CBHW071231200326
41521CB00009B/1430